ホンダ スーパーカブ

世界戦略車の誕生と展開

開発期間は約1年8カ月で、1958年8月に誕生
4サイクルの耐久性・低燃費と扱いやすさで
現在でもなお世界各国で生産・愛用され続けている
スーパーカブ・シリーズの初代モデル

ホンダ スーパーカブ C100 [昭和33年]
HONDA SUPER CUB C100 [1958]

■エンジン種類：空冷4サイクル単気筒OHV　■排気量：49cc　■最高出力：4.5PS / 9500rpm
■乾燥重量：55kg　■変速機：常時噛合式3段リターン自動遠心クラッチ
■フレーム形式：パイプ／鋼板プレス低床バックボーン　■価格：55000円（当時）

「You meet the nicest people on a HONDA」のキャッチフレーズのもと
当時のアメリカにおけるバイクに対する偏ったイメージを一新した
スーパーカブの輸出モデル
前後のウインカーは未装着であり、Wシートは標準仕様

ホンダ CA100 ［昭和37年］
HONDA CA100 ［1962］

■エンジン種類：空冷4サイクル単気筒OHV　■排気量：49cc　■最高出力：4.3PS / 9500rpm
■重量：55kg　■変速機：常時噛合式3段リターン自動遠心クラッチ

ブロックタイヤやオリジナルのフェンダーなどを装着した輸出用トレールモデル
リアには登坂能力をアップするため
大径のスプロケットが追加されたダブルスプロケット方式を採用
このモデルは、優秀なディーラーに贈られたスペシャルメッキ仕様らしい
翌年にはアップマフラーになり、CTシリーズへと発展していった

ホンダ 55 トレイル C105T ［昭和37年］
HONDA 55 TRAIL C105T ［1962］

■エンジン種類：空冷4サイクル単気筒OHV　■排気量：54cc3.30cuin　■最高出力：5PS / 9500rpm
■乾燥重量：73kg　■変速機：自動遠心クラッチ付3段変速
■フレーム形式：パイプ／鋼板プレス連結フレーム

新しいクラブマンレース規定（量産市販車ベース）に対応
公道用保安部品を装備して限定販売した
50cc高性能ロードスポーツモデル

ホンダ CR110 カブ レーシング（保安部品装着車）［昭和37年］
HONDA CR110 CUB RACING（STREET LEGAL）［1962］

■エンジン種類：空冷4サイクル単気筒DOHC4バルブギヤ駆動　■排気量：49.99cc
■最高出力：7PS / 12700 rpm　■乾燥重量：75kg（DATA Dream）
■変速機：常時噛合式5段リターン左手動クラッチ　■価格：170000円（当時）

三重県に鈴鹿サーキットが完成した年に発表・発売
世界のロードレースに出場できるポテンシャルの50cc市販レーサー
1962年マン島TTでは、ワークスマシンとともに出場し9位に入賞

ホンダ CR110 カブ レーシング（レース仕様車）［昭和37年］
HONDA CR110 CUB RACING ［1962］

■エンジン種類：空冷4サイクル単気筒DOHC4バルブギヤ駆動　■排気量：49.99cc

■最高出力：8.5PS / 13500rpm　■乾燥重量：61kg　■変速機：常時噛合式8段リターン左手動クラッチ

スーパーカブより、さらに大衆向けに開発されたモデル
エンジンはC100を基本に新設計
軽量化と装備の簡素化、扱いやすさ等に配慮して低価格を実現した

ホンダ ポートカブ C240 ［昭和37年］
HONDA PORT CUB C240 ［1962］

■エンジン種類：空冷4サイクル単気筒OHV　■排気量：49cc　■最高出力：2.3PS / 5700rpm
■乾燥重量：54kg　■変速機：常時噛合式2段リターン自動遠心クラッチ　■価格：43000円（当時）

アメリカ向けに1961年に登場したトレール車、C100Tの発展型
オートバイの新しい需要の開拓を目指し、
狩猟やレジャー、広大な農園管理用として開発され、
需要創造の火付け役となった

ホンダ 55 トレイル C105T ［昭和38年］
HONDA 55 TRAIL C105T ［1963］

■エンジン種類：空冷4サイクル単気筒OHV　■排気量：54cc3.30cuin　■最高出力：5PS / 9500rpm
■乾燥重量：73kg　■変速機：自動遠心クラッチ付3段変速
■フレーム形式：パイプ／鋼板プレス連結フレーム

日本の2輪メーカーによる現地法人初の海外生産車
欧州向けスタイルに、ポートカブのエンジンをペダル付に改良し搭載
現地生産の車体パーツを初装着したベルギー工場生産車

ホンダ C310 ［昭和38年］
HONDA C310 ［1963］

■エンジン種類：空冷4サイクル単気筒OHV　■排気量：49cc　■最高出力：1.8PS / 4000rpm
■乾燥重量：71kg　■変速機：常時噛合式3段左グリップ手動自動遠心クラッチ

セル付仕様のスーパーカブに米国で販売された「ラリーキット」を装着
燃料タンクはFRP製でインナータンクを内蔵する
ロングシートやパイプハンドルへの換装で、スポーティーなイメージを増した外観が特徴

ホンダ CA102（ラリーキット組込み）［昭和41年］
HONDA CA102（RALLY KIT）［1966］

■エンジン種類：空冷4サイクル単気筒OHV　■排気量：49cc　■最高出力：4.3PS / 9500rpm
■変速機：常時噛合式3段リターン自動遠心クラッチ

1962年に米国で発売したCA100（49cc）に
当時オプション設定されていたパーツを組み込んだスチューデント
フロントカバー、ツールボックス、バッテリーボックスが交換され
メッキのエンジンカバーも装着されている

ホンダ CA100 スチューデント ［年式不明］
HONDA CA100 STUDENT ［年式不明］

■エンジン種類：空冷4サイクル単気筒OHV　■排気量：49cc　■最高出力：4.3PS / 9500rpm
■変速機：常時噛合式3段リターン自動遠心クラッチ

スーパーカブ発売から8年目、エンジンをOHVから新設計OHCに変更
外観もリフレッシュしてウインカーランプやテールランプを大型化
被視認性の向上をはかった

ホンダ スーパーカブ C50 ［昭和41年］
HONDA SUPER CUB C50 ［1966］

■エンジン種類：空冷4サイクル単気筒OHC　■排気量：49cc　■最高出力：4.8PS / 10000rpm
■乾燥重量：69kg　■変速機：常時噛合式3段リターン自動遠心クラッチ　■価格：57000円（当時）

欧米以外の東南アジア等の地域向け輸出仕様車
国内向けのC70スタンダードと同仕様だが、鍵穴を照らすキーライトは未装着
専用のWシートは後ヒンジの前跳ね上げ式であり、フロントカバー部にステー付バスケットを装着

ホンダ C70（輸出仕様車）［昭和45年］
HONDA C70 ［1970］

■エンジン種類：空冷4サイクル単気筒OHC　■排気量：72cc　■最高出力：6.2PS / 9000rpm
■乾燥重量：75kg　■変速機：常時噛合式3段リターン自動遠心クラッチ

空冷4サイクル単気筒OHCエンジンに、サブミッション付4段変速機を搭載
車載時にはハンドルを任意な角度で固定することが可能で、予備のタンクが付く
どんな道でも快適に走行できる輸出用のデュアルパーパスバイク

ホンダ トレイル90（米国向け）［昭和45年］
HONDA TRAIL 90［1970］

■エンジン種類：空冷4サイクル単気筒OHC　■排気量：89.5cc　■最高出力：7.0PS / 8500rpm
■乾燥重量：91kg　■変速機：常時噛合式4段（副変速機付）
■価格：340US$（当時）

ホンダがスーパーカブをベースに開発した新聞配達専用車
始動性を考慮し、セルダイナモ方式による「セル装着車」
専用のフロントバッグ（70/90のみ）とリアバッグも用意
重積載時の横転を防ぐ、接地面の大きなサイドスタンドを標準装備していた

ホンダ ニュースカブ C90 ［昭和46年］
HONDA NEWS CUB C90 ［1971］

■エンジン種類：空冷4サイクル単気筒OHC　■排気量：89.6cc　■最高出力：7.5PS / 9500rpm
■乾燥重量：91kg　■変速機：前進3段左足踏自動遠心リターン　■価格：105000円（当時）
※車体色はブライトイエロー（当時のカタログより）

CT系シリーズの最大排気量を誇るトレッキングバイク
国内販売は短期間で生産終了するが、輸出仕様はロングセラーとなる
ぬかるみ走行や渓流走行に適したプロテクター付マフラーや、堅牢なエンジンガードなど専用設計
同タイプの輸出仕様はサブミッション付

ホンダ CT110（国内仕様）［昭和56年］
HONDA CT110 ［1981］

■エンジン種類：空冷4サイクル単気筒OHC　■排気量：105cc　■最高出力：7.6PS / 7500rpm
■乾燥重量：87kg　■変速機：常時噛合式4段リターン自動遠心クラッチ
■価格：159000円（当時）

黒を基調にした力強いデザイン
滑らかな発進性と快適なライディングで大ヒットしたモデル
黒はインドネシア語の「GAGA(力強さ)」をイメージさせる人気の高い色

ホンダ ブラックアストレア エクスクルーシブ [平成7年]
HONDA BLACK ASTREA EXCLUSIVE [1995]

■エンジン種類：空冷4サイクル 単気筒OHC　■排気量：97cc
■最高出力：7.5DK / 8000rpm (JIS)　■重量：91.1kg
■変速機：常時噛合式4段リターン(停止時ロータリー) 自動遠心クラッチ

経済性、耐久性に優れたドリームC100のエンジンを搭載し
外観をファッショナブルにしたファミリーバイク
タイの4サイクルブームに乗り大ヒットとなった

ホンダ ストリート [平成9年]
HONDA STREET [1997]

■エンジン種類：空冷4サイクル単気筒　■排気量：97cc
■最高出力：6.8PS / 8000rpm　■乾燥重量：100.4kg
■変速機：常時噛合式4段リターン(停止時ロータリー) 自動遠心クラッチ

若者を中心に多くの人気を得たモデル
WAVEは以後排気量をアップし、フロントにはディスクブレーキを装着して
よりスポーティ化をはかって需要を拡大

ホンダ ウェイブ [平成9年]
HONDA WAVE [1997]

■エンジン種類：空冷4サイクル 単気筒OHC　■排気量：97cc
■最高出力：8.5PS / 7500rpm　■重量：90.5kg
■変速機：常時噛合式4段リターン(停止時ロータリー) 自動遠心クラッチ

シート下にヘルメットを収納できるブラジル製カブ
スクーターを思わせるスタイリッシュなデザインとカブ本来の耐久性に加え
悪路でも負けないように足回りが強化された

ホンダ C100 BIZ [平成10年]
HONDA C100 BIZ [1998]

■エンジン種類：空冷4サイクル単気筒OHC　■排気量：97cc
■最高出力：7.6PS / 8000rpm　■乾燥重量：90kg
■変速機：常時噛合式4段リターン(停止時ロータリー) 自動遠心クラッチ

タイ製WAVEをベースとし、ファッショナブル・カブという
新カテゴリーを築いたベトナム専用モデル
新幹線「のぞみ」をイメージしたスタイルが特徴で大人気となっている

ホンダ フューチャー [平成11年]
HONDA FUTURE [1999]

■エンジン種類：空冷4サイクル単気筒OHC　■排気量：108cc
■最高出力：7.59PS / 7500rpm　■乾燥重量：98.9kg
■変速機：常時噛合式4段リターン(停止時ロータリー) 自動遠心クラッチ

Honda Super Cub

ホンダ"スーパーカブ"

The inside story of the Super Cub.

世界戦略車の誕生と展開

MIKI PRESS

三樹書房

HONDA SUPER CUB

特許庁から「立体商標」認可
ホンダスーパーカブが50年以上もの間、
一貫したデザインを守り続けたことが特許
庁から認められ、「立体商標」として登録
されることが2014年（平成26年）5月に決
定された。これは二輪車でも自動車業界
としても、乗り物自体の形状が立体商標
登録されるのは、日本初の快挙であった。

本書の刊行までの経過について

　本書は、1994年（平成6年）に企画し、史料の収集や関係者の取材などを
進め、3年後の1997年に主に初期モデル（C100）を中心にしてまとめた『ホ
ンダスーパーカブ』として初版を発刊しました。

　その後は、後期のモデル（C50）などの解説も加えて、2001年、2004年、
2008年、2012年に4回の資料・内容の増補などの手を加えて改訂版を刊行し
ています。そして2017年にスーパーカブ・シリーズの世界累計生産台数が1
億台を突破し、また2018年には初代スーパーカブが誕生して60周年を迎える
にあたり、品切れていた本書を再編集致しました。

1. 初版刊行から20年間に5回の増補改訂を加えた関係で、各章・各項の
   製作年度をわかるように配慮いたしました。
2. 取材・執筆後にご逝去された方々も含まれておりますが、内容や肩書
   きなどはそのままといたしました。
3. 各章ごとに独立した内容としたため、記載内容に一部重複部分があり
   ますが、ご了承ください。
4. 各著者の方々の立場の違いなどによって、当時の事象などに異なる表
   現も含まれております。
5. 原則的には本田技研工業が刊行した『ホンダの歩み1948-1975』と
   『ホンダの歩み1973-1983』をベースとして編集をしています。

編集責任者　小林謙一

ホンダスーパーカブ
HONDA SUPER CUB

－ CONTENTS －

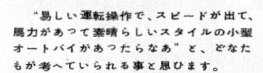
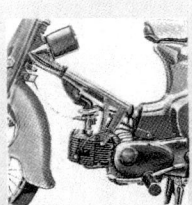

第❶章

『スーパーカブの歩み』
Overview of the Super Cub

この原稿は、中村良夫先生がご病気によりお亡くなりになる直前に書き残されたご遺稿である。偶然にも田辺憲一氏プロデュースの「カーグラフィックTV」の"中村良夫追悼"番組によって発見されたもので、スーパーカブを含めた全体的な経過に加え、自らが関係された設計部分にまでその証言は進む……。

中 村　良 夫
YOSHIO NAKAMURA

中村良夫(なかむら　よしお)　大正7年(1918年)山口県に生まれる。東京大学工学部航空学科卒業。日本内燃機(くろがね)などを経て、昭和32年(1957年)本田技研工業(株)入社。第一期ホンダF-1活動におけるマシン設計および監督として活躍。2度の優勝を獲得。同時に四輪開発の責任者として、T360、ホンダスポーツ、N360などを担当。同社顧問職を退いた後、(社)自動車技術会副会長、FISITA(国際自動車技術者連盟)会長などを務めるかたわら、モータージャーナリストとして数多くの著書を発表。平成6年12月3日逝去。

二輪車界の革命児、ホンダ・スーパーカブ・シリーズ

スーパーカブC100の国内販売開始は昭和33年(1958年)の8月だから、今日現在(1994年11月)まですでに36年間生産され続けられたことになる。そして、疑いもなくホンダ・スーパーカブ(C100系の一連のカブ・シリーズと称しているもの)はホンダのオートバイ生産を世界のトップに押し上げた機種である。

基本形は殆どオリジナルなC100のままであり、驚異的に長命であって、且つ、地球上のほぼ全域にわたって使われてきた。

総生産台数が何千万台になっているのか、正確な台数を把握することは、本田技研でも難しいのではないかと思う。但しこれは私の想像である。何しろこれらのスーパーカブ・シリーズは、世界の何十ヵ国で作り続けられて現在に至っているのだから……。

私が本田技研の現役だった昭和53年(1978年)頃まで(即ちカブの発売以来20年ということになる)でも、インドネシア、タイ、マレーシア、もちろん台湾、ペルー、ブラジル、ベネズエラ、ナイジェリア、ケニア、モザンビーク、インド……などなどであって、当時でも現地生産率100%に近いものから組立てだけのノックダウンを含めて、生産方式は多種多様だった。もちろん日本の鈴鹿工場から完成車を輸出していた国々も多かった。いずれにしてもこのスーパーカブ・シリーズの生産及び輸出に関しては世界各国にわたっていたのである。

面白いことに、前記しているように販売開始は1958年だけれども当初は、海外市場において殆ど売れておらず、爆発的に売れるようになったのはその三年後だった。ちょうどマン島T・T(ツーリスト・トロフィの略)レースにおいてホンダが初めて125cc級と250cc級の世界選手権で1位から5位までを勝ちとったのも1961年のことだったけれど、私は両者の間に余り直接的な関係は無かったと考えている。

アメリカにホンダの現地法人であるアメリカ・ホンダが設立され、"NICEST PEOPLE ON A HONDA"という有名なキャッチ・フレーズと共にスーパーカブの大ブームがおきてきた。

この"ナイセスト・ピープル……"は、それまでのアメリカのオートバイ乗

り達が"ブラック・ジャケット"と総称されていて、どちらかというとアウト・ロー的な暗いイメージだったのを明るいムードに一新させるためにアメリカ・ホンダがつくり出したフレーズだったけれど、スーパーカブのイメージとピッタリであって、駐車場に困っていた一般市民、学生などがスーパーカブをもとめに殺到するようなキャッチ・フレーズになった。

　スーパーカブは、アフリカの人里離れた田舎でも、数リッターのガソリンがあれば相当走り続けられ、その利便性、高耐久性が世界中で歓迎されるようになったのである。もし、高性能を誇り合うようなバイクだったなら、30年以上もそのままであり続けられるわけはない。

　ロングセラーを続けるスーパーカブはちょうど自転車のようなものなのだろうと、私は考えている。

　世界的に需要が広がった自転車もその初期には大径ホイール、小径ホイール……などなどいろいろな型や方式などがあったけれど、現在のものに近くなってから、一世紀以上もほとんど変わらない基本形のままである。

　ヨーロッパにはいわゆるモペット(注)があって、自転車に小型エンジンをつけたものが第二次大戦後の一つのブームになった。

　しかし、自転車に補助エンジンをつけると自転車そのものの寿命が早くくるし、ペダルを漕いでエンジンを始動させるのも面倒であり且つ自転車でもなくオートバイでもなく中途半端である。しだいに衰退し、今日すでに二輪車市場でのモペット・ブームは去って久しい。

　これらのモペットに対してスーパーカブは、明らかに高い機能性をもつ小型オートバイなのである。

　だから一つの発明、完成の領域に達した自転車そのもののようにスーパーカブ・シリーズは寿命が長いのだろう。

(注)　小型オートバイの名称は日本ではもっぱら"モペット"であった。ヨーロッパ各国では、これときわめてよく似た"モペッド (Moped)"という名称が一般である。"ト"と"ド"の違いであるが、日本のは「ペット」つまり愛玩動物の意であり、ペッドの方は「ペダル」……pedalの略称である。ヨーロッパではこの機種にはペダルをつけて、足踏みでも走行できることを条件としていたのである。しかし日本には足踏み装置をつけた方式は流行しなかった。つまり、pedalとは縁がない。ペットがまさに適称である。　　『日本のオートバイの歴史』(富塚清 著)

ホンダ・スーパーカブC100の生誕

　私は昭和32年(1957年)の秋、ホンダに入社したのであり、私の担当はまだ始まってはいなかったホンダの四輪開発だったし、そのためにホンダに入ったのだった。

　しかし当時、白子(川越街道が東京都から埼玉県に入る県境にある)にあった設計室での私達は、忙しくなると二輪も四輪もなかった。

　私が入社した時のホンダは二輪のスーパーカブ開発の真最中であり、毎日のように白子の設計室のクレオソート塗りの板の床の上に車座に座って本田宗一郎社長から課員達はハッパをかけられていた。

　二輪エンジン担当は河島喜好さん、二輪車体担当は原田義郎さん、四輪は私であって、技術部長は工藤義人さん、次長は原田信助さんであり、工藤さんも原田信助さんも戦争中は中島飛行機の先輩であり、よく知っていた。

　スーパーカブそのものでいえばエンジン担当は星野代司さんであり、車体は原田義郎さんの総括だった。後記しているようにスーパーカブの技術的な特長である機械式自動クラッチは秋間明さんがやっていらっしゃったけれど、なかなか製造原価が安く、機能的に安定していて、しかも長期間損耗しない自動クラッチというのは難しく、私は河島さんから頼まれて秋間さんの助っ人という形になった。私は、こうして前記したスーパーカブ開発車座の一員になったのである。

　本田社長は、車座の中央にデンと座られて「そば屋の小僧が片手運転で、そばを重ねて運転出来る……」ということを口癖のようにおっしゃっていた。

　当時すでにインダストリアル・デザインというものは定着しはじめていて、ホンダの造形室では木村譲三郎さんと森泰助さんが担当であり、私と一緒に「くろがね」からホンダに移った河村雅夫さんがこれに加わった。しかし、事実上のデザイン主任は本田宗一郎さんだった。当時、デザインにも強い関心をもつ本田社長の指揮によって、新型車のモックアップ用粘土が形作られるのを常としていた。

you meet the nicest people on a HONDA

1958年8月 スーパーカブ発売
'59年6月 アメリカ・ホンダ設立
'61年6月 ヨーロッパホンダ設立
'61年6月 総計 100万台突破
'67年4月 総計 500万台突破

HONDAを世界の2輪メーカー
として定着させた戦力製品

　本田技術研究所が浜松に設立されたのは昭和21年(1946年)の10月であり、旧陸軍の6号無線用小型エンジン(三国商工製)を改造して自転車用補助エンジンを作ったのが創業である。

　昭和25年北朝鮮の軍隊が38°線を越えたことを機に、朝鮮戦争が勃発すると日本はいわゆる特需景気となり、ホンダも浜松から東京に進出して、上十條に東京工場を設立し、翌26年146ccのドリーム号E型の生産販売をはじめている。

昭和27年(1952年)6月初代カブF型が発売され、自転車後輪横に丸い白タンク、エンジン部は赤いカバーという独特のデザインで月産7,000台を超すようになった。昭和29年、富士山麓の朝霧高原ではダートのロードレースが始められ、翌30年秋からは浅間高原に場所を移して、やはり非舗装でダートのロードレースが始められる頃になると、技術的な優勝劣敗が非常にハッキリしてきて、数多くあった二輪車メーカー同士の熾烈な競争の後、ホンダを筆頭として、ヤマハ、スズキ、カワサキ各社が生き残り、世界ナンバーワンの地位を確立していったことになる。

　これらのレースコースは非舗装のダートであり、ただ単にスピードを競うだけでなく、実用車的な二輪車の操縦安定性および耐久性の向上にも大いに役立った。

　そして、朝鮮戦争が朝鮮半島にとっては悲劇的な結末をもって終結すると、在日米軍による特需景気も下降してゆき、第二次世界大戦後の日本におけるトランスポーテーションの道具として活躍した日本のオートバイ産業も、急激に下降線をたどるようになり、いわゆる糸ヘン産業景気とともに多くの倒産会社を出すようになった。

　しかし本田技研はドリーム号、ベンリイ号などによって寡占化しはじめた日本市場で躍進をはじめるようになり、昭和32年のドリームC70、翌33年のベンリイC90の発売によって日本市場では二輪車メーカーとして上位の座についていた。しかし、日本経済もいわゆる神武景気の時代に入っていったけれど所詮日本市場は狭いものであって、輸出産業として活躍できないかぎり常に不安定なものであるにすぎなかった。

　本田社長、藤沢専務の両氏にはオートバイの輸出という大きな夢と希望があった。その実現には世界的には未だ無名だったホンダ・バイクの優秀性を立証するため、オートバイ・レースのメッカであるイギリスのマン島T・Tレースに勝ち、FIMによるオートバイ・グランプリを勝って見せる、ということが必須条件であり、同時に、輸出拠点となるべきアメリカ・ホンダ(ロサンゼルス)、

ヨーロッパ・ホンダ(ハンブルグ)、アジア・ホンダ(バンコック)の設立という必然もあった。

　藤沢構想としては輸出を商社に依存する考えかたは当初から全く無く、あくまでも市場の開拓は、自前でやるということが前提だった。

　レースに勝ち、また自らの各国現地法人をもつという夢は次々と実現されていったけれど、そしてドリームC70系やベンリイC90系は日本市場でこそ優位に立てたけれど、決してまだ世界車といえるようなオートバイではなかった。

　そこに生まれたのがスーパーカブの考え方なのである。

　初代カブF型は世界的にいえばヨーロッパでのモペットであって、これらは、一時200万台という大市場になったけれど、ヨーロッパ経済の戦後における回復とともにモペット市場は急激にクルマ市場に変わっていっていた。

　スーパーカブはこれらを教訓として、世界に通用するようなオートバイでなければならなかったのである。

　当時の日本の原動機付自転車という法規枠に入り、しかもそんな法規などは無い全世界に向けて、最も小さくて走破性にすぐれ、且つ実用性は高く、故障度が少なくて丈夫で長持ちするオートバイでなければならなかった。

　これはそれまでのホンダが得意としていた、ドリーム号やベンリイ号のような領域ではない。

　かくして連日連夜のように、白子のクレオソート塗りの板の間に車座を組んでアアでもないコウでもないと論議したのである。

　車座の中央に座りこまれた本田社長は、そば屋の店員が……と運転操作が単純で容易であることを要求されており、運転に使えるものは足と片手だけであり、その足も発進にあたってはバイクが倒れないように、両足はスタンドの役割をしなければならない。またエンジンは高出力化が前提であり、アイドリングで不整爆発をしてテンテケ・テンテケといやな音を出す2サイクル方式には絶対反対であり、燃焼効率が悪く結果として燃料消費も多い側弁(SV)方式ではなく、効率が良く馬力の出る半球形燃焼室をもった頭上弁(OHV)方式でなけれ

ばならなかったのである。

　しかも、エンジン・メカニズムは、専門の修理屋さんなんかいない発展途上国や路傍の木陰などで修理している修理屋さん達にでもオーバーホールできるような単純構成でなければならなかったし、必要工具は2サイクルエンジンと同様、組スパナとペンチと紙ヤスリだけで、充分作業ができるものでなければならなかった。

　荷物をのせた、或いは女性の乗り降りに最も適した形は、ステップ・スルーの車体であるべきであり、ステップ・スルーのパイプ構成またはプレス構成の下にエンジンがおさまるべきであり、シリンダーはほぼ水平または少し上向き角度のものでなければならなかった。

　当然、シリンダー・ヘッドの潤滑・排油の問題が出てくる。

　エンジンは星野さんがプッシュ・ロッド・タイプのオーバーヘッド・シングル(OHV)、49ccを描きあげてベンチで快調に回っていたけれど、秋間君担当の自動クラッチはいささか苦戦の態だった。

　ギヤ・チェンジは足踏み式でOKだけれど、そば屋の小僧が片手で……ということになると手動クラッチは使えない。あくまで速度型機械式自動クラッチでなければならないのである。もちろん機械式自動クラッチの例はすでに多い。しかし概ね構造複雑であって、複雑であればあるほど故障の原因となりやすく且つ製造原価が高くなってしまって、このスーパーカブには不向きである。このカブの設計思想からすれば機械式自動クラッチは、生産コストが安く、寿命は長く、且つ故障しても誰にでも簡単に修理できるようなものでなければならなかったので、既成の考えかたでは駄目だったのである。

　私は河島さんに依頼されて秋間君を援助し、なんとかカブ向きの自動クラッチを造り出すべく私と秋間君はA型からはじまった何種類かを試作した。しかし、いずれもオヤジ(当時の本田社長に対する愛称)さんのOKをとりつけるには至っていなかった。

　遠心ローラーを斜面に沿って転がして、クラッチ・フェーシングを圧しつけたり離したりする、自動クラッチ形式のF型に至ってはじめてOKになった。お

スーパーカブC100は開発後、初期の段階ではこの埼玉製作所で生産された。国内では、扱い易くて便利なところから、諸官庁などでも数多くのスーパーカブが使われている。

りからエンジン・ダイナモ室の轟々たる騒音の中にいらした本田社長から、ジッと図面をみた後に、お互い言葉は通じないけれど、「ウン、ウン」というような合点合図を受け、急いで設計室に帰って図面にマトめたのがG型であったと記憶している。私としては、はじめて仕事の上で接した本田社長であったけれど、このようなメカニズムには圧倒的に強いオヤジであることをハッキリ認識させられた。

何とかなったのである。技術の世界に限界は無い。

ステップ・スルーのシャーシ・カバー(フロントカバー)は、軽くて、永久変形しない新しいプラスチック樹脂を積極的に採用するなど、さまざまな試行錯誤をおこない、世界の市場で受け入れられるべき世界車、スーパーカブC100は出来上がったのである。

その後のスーパーカブは日本でのベストセラーになっただけでなく、アメリカでもベストセラーになって、アメリカ・ホンダの地盤をかためさせ、ヨーロッパ、東南アジア……と次々に世界のベストセラーになっていって、ホンダのオートバイ産業としての世界ナンバーワンの場を確立した。そして、このC100を原型としてさまざまなバリエーションに富むスーパーカブ・シリーズ達は、世界のオートバイに新しい呼気をあたえたのである。

以上、本田技研工業が初めて「世界のホンダ」となり得た製品であるスーパーカブの生誕について語るのは、私自身最適任者ではないが、あくまでも関係者の一人として、またモータージャーナリストの立場から、客観的に語ったものであるので、ご了承賜れば幸である。

〔目次うらp4のカタログ解説〕
昭和33年(1958年)頃に製作・配布された、極めて初期のスーパーカブC100モデルのめずらしいカラーイラストによる貴重なカタログ。2サイクルエンジンとの比較、排気音や駆動系のことなどの記述に注意。このイラストは、河島喜好(後に二代目社長)氏から依頼を受けた木村譲二郎氏(初代スーパーカブのデザインを担当)によるものだという。

第②章

『ホンダの躍進とスーパーカブ』
Honda's Giant Leap Forward

『ホンダの歩み』は本来社史でありながら、非常に客観的な内容をもつ。創業から始まり、数々の苦境を創業者達の情熱と適確な判断によって、乗り越えてきた歴史やスーパーカブと共に発展してきたホンダの足跡が、明かされる……。

－本田技研工業(株) 監修－
HONDA MOTOR CO., LTD.

『ホンダの歩み』本田技研工業(株) 総務部HCG編集／本田技研工業(株)発行(昭和50年11月20日発行)より転載。

第1部　夢と情熱

1. 創業

活気にあふれた小さな工場

創始者、本田宗一郎氏は、内燃機関および機械の研究、製造を目的として、浜松にもっていた土地600坪(約1980m²)に、50坪(約165m²)ほどの工場を建て「本田技術研究所」を設立した。昭和21年(1946年)の10月のことである。

そして、浜松工専を卒業したばかりの河島喜好氏がホンダに入社したのは、昭和22年(1947年)3月である。従業員わずか12名の名もない小さな町工場であった。静岡県浜松市山下町30番地にあった工場の入口には「本田技術研究所」という真新しい看板がかかっていた。終戦からちょうど2年目、日本の経済は戦争により徹底的に破壊されたまま、まだ再建の手がかりさえつかめていない時代である。

この山下工場も雑草と瓦礫の山に取り囲まれた廃墟のような状態であったけれども、しかしここには、本田技研工業株式会社の創業者となる本田宗一郎氏を中心として熱気があふれていた。

エンジンの始動

この研究所では、技術研究のかたわら、利用の方法も考えず放っておかれた旧陸軍の6号無線機に取付けられていた、発電用の小型発動機を自転車用補助エンジンに利用できないかということで、これを改造し、自転車に取りつけて売り出した。

その後、この小型発動機も約500台で底をついたため、本田宗一郎氏のアイデアで河島喜好氏が初めてエンジンの設計を行なった。これが特許になったエンジンで、シリンダー・ヘッドがピョコンととび出した、いわゆる「エントツ式エンジン」であった。このエンジンは思っていたほどの性能が得られなかったことと、加工の難しさ等から、さらにこれをベースに新しく設計し、できあがったのが、初めてホンダの名前のついた2サイクル・1/2馬力のA型エンジンであった。

昭和22年(1947年)当時の山下工場。

　昭和22年(1947年)の11月頃からA型の生産が始められた。A型エンジンの製作に際し、本田宗一郎氏の持論である「原材料からただちに製品へ」の方法として、削り粉を出さず、材料も、工数も少なくてすむ仕上りの美しいダイカスト鋳造の研究がなされた。

　このA型の生産が昭和26年まで続いたことは、いかに優秀なエンジンであったかを証明している。

　昭和23年の2月に、当時バイクモーターといわれたこの種のエンジンをつけた自転車十数台で、浜松から沼津までの遠乗会が行なわれた。これはたいへんな人気を博し、沿道は黒山の人だかりであった。

2. 本田技研工業設立

バイクモーターからオートバイへ

　好評のA型が月産200台にもなった昭和23年9月、資本金100万円をもって、本田技研工業株式会社は設立された。

　工場はA型エンジンの増産に力を注いだ。当時、A型等の補助エンジンをつけた自転車は、通称"バタバタ"という愛称で親しまれていた。

　スピードへの欲求がある程度満たされるようになると、次には馬力アップを求める声が出始めるようになってきた。そのころ試作されたのがB型エンジン

だったが、思うような性能が得られず、それを追うように昭和24年1月に開発されたのがC型である。このC型は馬力もあり、当時としては相当のスピードも出せた。丸子多摩川にあった"多摩川スピードウェイ"で行なわれた日米親善対抗オートバイレースには、浜松からたった1台で参加し、そのクラスで優勝をしたほどであった。

ところが、エンジン本体の馬力は向上したとはいえ、車体は自社設計のものではあったが自転車を改造したようなもので、構造上にどうしても無理があった。そうしたことから、よりスピードが出て、かつ安全性の高い乗り物、すなわちオートバイを造ろうという気運が、社内の技術者の間で高まってきた。

本格的なオートバイを指向したD型の設計を始めたのは昭和23年の暮れであった。そうして昭和24年の8月、D型オートバイの試作車が完成した。2サイクル、98ccエンジンを搭載、量産を前提とした鋼板プレスのチャンネルフレームを採用した。当時の軽自動二輪車界では自社設計による車体とエンジンを共に生産するところは数社しかなく、ホンダとしては本格的なものはこれが始まりであった。

本田宗一郎氏は未来への限りない夢を託して、この車を「ドリーム号」と名づけた。

本田宗一郎氏、藤沢武夫氏の出会い

ドリーム号の誕生により、本田技研は二輪車メーカーへの第一歩を踏み出した。しかし、折りからの日本経済の不況に直面し、苦しい経営状態であった。

創業者の本田宗一郎氏と、のちに本田技研副社長となった藤沢武夫氏とが、初めて会う機会を得たのはちょうどその頃のことであった。人を介してのあっけないくらい簡単な最初の出会いであったが、これを境にして本田宗一郎氏は、その個性を技術の世界にいきいきと伸ばすことになる。

昭和24年(1949年)の10月、藤沢武夫氏は家業の製材業を捨てて、常務取締役としてホンダに入社(昭和27年専務取締役、同39年副社長、同48年退社)、会社の経営面の一切を委ねられた。藤沢常務が入社して間もなく、第1回の増資が行なわれ、資本金は200万円となった。

ホンダA型

(1947年・空冷2サイクル単気筒・ロータ
リーバルブ50cc・最高出力1.0ps / 5,000
rpm・最高速度45km/h) 初めてホンダ
ブランドで製品化された自転車用補助
エンジン。本田技研工業設立前年の、
本田技術研究所時代の製品である。エ
ントツエンジンと社内で呼んだ第1号
試作エンジンを基に新たに設計した2
サイクルエンジンで、吸気系にロータ
リーバルブと、特許を取得したクラッ
チ兼用手動変速機を備えていた。既製
品の自転車に簡単に取り付けられ、V
ベルトで後輪を駆動する。当時として
は性能も優秀で、1951年まで生産され
るロングセラーとなった。

ホンダドリーム号D型

(1950年・空冷2サイクル単気筒・ロータ
リーバルブ98cc・最高出力3ps / 5,000
rpm・2速・始動キック・車重80kg) 量産
に適するチャンネルフレームを採用、
大きな夢を託して"ドリーム号"と
命名されたホンダ初の本格的モータ
ーサイクル。

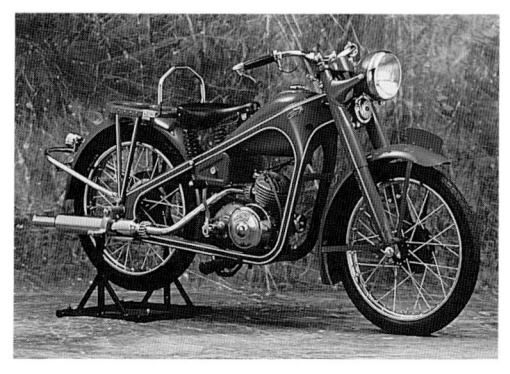

　「藤沢と私との出会いは、ドリーム号の完成した昭和24年8月であった。
この男に初めて会ってみて、私はすばらしいと思った。戦時中バイト(工作
機械の刃物)をつくっていたとはいいながら、機械についてはズブのしろう
と同様だが、こと販売に関してはすばらしい腕の持ち主だ。つまり、私の
ないものを持っている。私は会っただけで、提携を堅く約した。この25年
間、藤沢は私の分身であり、私は藤沢の分身であった。……中略……

　私と藤沢が、ウラとオモテのパーソナリティーを持ち合わせながら、今
日まで続いてきたのは、目的が同じであったからである。ものの考え方、
見方が、その手法では異なっていても、発想の時点、到達する地点では一
つになるからである。これは大事なことなのではあるまいか」

本田宗一郎

「社長は技術、私はお金に関係する仕事、これがスタートで始まった。2人とも勝手放題、思ったとおり決裁もすれば行動もする。一致することは、"会社を大きくすること"相手のすることに疑念、指示、苦情はいっさいない。顔を見合わせれば未来への夢のような話ばかりである。これほど楽しいことはない。……中略……

　私は社長に、私の構想を前もって話をするとか、了解を得るとかしたことはありません。畑違いの人であると同時に、あの人の頭は技術のことでいつもフル回転です。研究、生産技術、工作機械と、驚くほどの知能を、皆に教え込む。『2日寝ない。寝られない。どうも、夜中にエンジンが頭の中で回って、止まらない』などの話は、次の製品への準備なのです。ですから、私の部門まで指示をされるようでは、これだけの急激な技術の上昇はなかったでしょう」

藤沢武夫
(昭和48年両最高顧問退陣後著書等より抜粋)

東京への進出

　昭和25年(1950年) 3月、ホンダは東京・京橋槇町に東京営業所を開設した。東京を中心に、関東、甲信越、東北方面に積極的に販路を拡張するのが、その当面の目的であった。

　また昭和26年3月には、東京工場が稼働を開始した。この工場は東京営業所の開設に続いて、東京都北区上十条にあったミシン工場を買収、これをオートバイ組立工場に改造したもので、浜松でつくられたエンジンがここで組み立てられ、オートバイの完成車として送り出されることになった。かくしてホンダの営業、生産の中心は、東京に移った。

　東京工場での日々は、10年を1年に縮めたような、火を噴くような毎日の連続であった。当時工場の運営は、入社間もなくの西田通弘氏を中心とする20歳代の青年社員によって行なわれた。

　十条工場とも呼ばれたこの工場では当初、月産300台の生産が計画された。この数字は当時としては考えられないほど膨大なものであった。また建坪230

坪(約760㎡)という容量からいっても、そのへんが最大限度との認識でもあったが、D型ドリーム号の好評に対応して、わずか2年後には何とこの工場で月産1,000台の生産を果たすに至った。部品や完成車、ラインの周囲を"こまねずみ"のように動き回る創業期の若者たちの、肩がふれ合い、足の踏み場もない状態であったが、全員の知恵と努力は考えられないような成果を生み出すこととなり、"やれば出来る""知恵の世界に限界はない"といった自信と誇りが、この小さな工場の土台を大きく支えたのである。

　また、この工場から幾多の人材が育っていった。

　この頃世相は、終戦後の混乱期の影響で、いわゆる就職難と呼ばれる状況であった。

　急ピッチで成長を続ける本田技研には、あらゆる分野に亘（わた）って、すぐれた人材を必要としたが、失業者のひしめく世相も反映して、この東京工場には入社希望者が殺到し、競争率は激烈なものとなった。この網をくぐり抜け、工場というより道場といったほうがぴったりするような試練の場を、自らの手で切り開いた多くの若人たちが、"世界のホンダ"を育て、そしていま、ホンダの重要な機能を、当時と変わらぬ情熱でたくましく支えているのである。

東京工場の正門で(昭和26年)、後列右から岡村昇、松平郁夫、高橋邦良、北条昭雄、中列右端中野保、前列中央和田朝夫の各氏。

2サイクルから4サイクルへ

当時、バイクモーターのような小型エンジンでは、構造が簡単で小型、軽量、取扱い容易、メーカーとしても生産設備が比較的簡単で加工技術も多岐にわたらず、廉価に製造できる2サイクルエンジンが幅をきかせていた。その頃、町を走っている4サイクルの車といえば自動車か外国製か、一部の国産大型のオートバイだけであった。

しかし、昭和26年頃になると国内のオートバイメーカーが急増し、群雄割拠の様相を呈し始めたが、ユーザーの購買志向もこの頃から、4サイクルへ移行する傾向を見せ始めていた。2サイクル特有のカン高い爆発音や、まき散らす白煙、焼付きの懸念などが敬遠されるようになったのである。他にも、2サイクルの仕組みからくる燃焼の不完全さや、生ガスの吹抜けによる燃料消費や、混合潤滑によるオイル消費などの問題もあった。

これらのことから、ホンダは、メーカーとして、2サイクルのエンジンが構造的に簡単で安くつくられるという特長に、いつまでも甘んじているべきではない、多くの困難は予測されるけれども、4サイクルの小型、かつ高性能で、そしてユーザーや社会に迷惑をかけないエンジンを造ろう、そしてこれが未来にわたって世界に通用する商品であるはずだとの信念から、ホンダは自らチャレンジする目標をつくり、自ら選んだ"いばらの道"を歩き出したのである。

研究の陣頭に立ったのは、もちろん本田宗一郎氏であった。河島技師(2代目・社長)の手によって何枚もの設計図が書かれ、エンジン技術の核心にせまる研究が重ねられた。そして昭和26年5月10日、ついに未来を切り開くエンジン図面が完成、続いてその生産体制の準備に入った。

こうして生まれたのがE型エンジンである。4サイクル、O・H・V、146cc、エンジンとミッションが一体となったメカニズム、これは当時としては数少ない斬新でコンパクトにまとまったエンジンであった。しかも2ヵ月という短期間になしとげたことは、本田宗一郎氏の"アイデアによって時間をかせげ""能率とは時間を酷使すること"といった持論の所産であるといえよう。

新設計の4サイクルエンジンをのせたE型ドリーム号は、昭和26年7月試作が

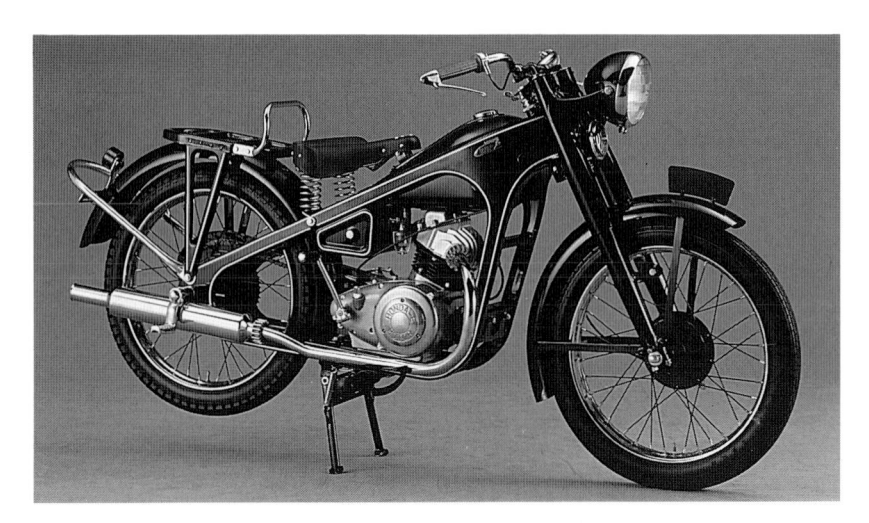

ホンダドリームE型（1951年・空冷4サイクル単気筒・OHV 146cc・最高出力5.5ps/4,500rpm・2速・始動キック・最高速度75km/h・車重97kg）このE型で、ホンダは初めて4サイクルエンジンを搭載した。1951年7月には試作車が完成し、河島喜好(現最高顧問)自らが操縦して"箱根峠越え"テストを行なった。この頃の国産二輪車にとって、箱根峠は難所となっていたが、4サイクルOHVの新エンジンは、雨の中、長い急坂を一気に登り切るテストに成功して、信頼性と耐久性を実証した。販売実績も急激に上昇し、日産130台の国内新記録を樹立するに至った。

完了、アイオン台風の荒れ狂う中、箱根越えの苛酷なテストも河島技師自身の手で成功し、ドリーム号による世界の幕開けが始まった。

　E型はその後、改良が積み重ねられ、昭和28年からはタンクの両側に銀線がはいり、新しい時代を開くスマートな外観となった。「作って喜び、売って喜び、買って喜ぶ」 ―― この三点主義は、E型で大きく花開き、ホンダ車の創造性と技術の信頼性は、全国にその評価を高め始めた。

自転車店の開拓

　E型ドリーム号は斬新なスタイルと大幅アップした性能で、二輪車愛好家の評判をかち得た。これによってホンダの国内オートバイ業界での地位は、一段と飛躍した。しかし、まだまだオートバイ市場は小さかった。

　そこに"白いタンクに赤いエンジン"で親しまれた初代のF型"カブ号"が登場する。簡便で、親しみやすく、そして経済的な"カブ号"は、昭和27年3

月完成、6月発売されるやたちまちにして市場の人気を集め、海外からの問合わせもしきりであった。後に述べる白子、大和工場の建設とあいまって、6月1,500台、7月3,000台、11月には累計2万5,000台と爆発的な売行きをみせた。それまでホンダの製品は、他の一般企業でもそうであったように、代理店を通じて販売されていた。藤沢専務は、新しく開発されたカブ号の発売と量販のために、これまでと違った観点からの販売網づくりが必要であると考えた。そして、全国にわたり、地元の顧客と固くむすびついている5万5,000軒の自転車店に着目したのである。

　藤沢専務は、一軒一軒は小さくても、この何万軒もの自転車店主が、自らの経営のためにホンダの製品を販売するならば、大きな流通網が作り出せると判断した。自転車店にとっても、明日の商売発展の新しい可能性が提供されることであった。多くの困難も予想されたし、はたしてエンジン類を扱った経験のない自転車店に、販売を任せて成果があがるのだろうか、という危惧もあったが、この着想はただちに決断され、ホンダの考え方とカブ号の紹介を内容とした親書が全国の自転車店に送られた。心をこめた手紙は大きな反響をおこし、なんと1万5,000軒の自転車店が、このホンダからの呼びかけにこたえ、全国から続々とカブの代金が送られてきた。そしてホンダの販売網は全国すみずみまで広がっていったのである。

　藤沢武夫氏は、のちに著書『松明は自らの手で』のなかで、その間の様子を次のように述べている。

　「白タンクに赤エンジンの "カブ号" を自転車の後部車輪のところへ取りつけてテストしてみたところ、大変調子がいい。これはいける、と思ったんで、カブ号を販売網づくりのきっかけにしたんです。

　これまでの代理店にはドリーム号だけ売ってもらうことにして、カブ号については新規の販売網だっていうんで、さっそく、全国5万5,000軒の自転車販売店に手紙を出した。文面は大略つぎのようなものでした。

　『あなたがたの先祖は、日露戦争のあと、チェーンを直したり、パンクの修理をしたりすることなど思いもつかないときに、勇気をもって輸入自転車を売

白子工場(埼玉県北足立郡大和町白子)。ホンダスーパーカブはこの白子工場の設計部門で開発された。

ホンダカブF型(1952年・空冷2サイクル水平単気筒・50cc(40.0×39.8mm)・最高出力1.0ps/3,600rpm・チェーン駆動・ペダル始動・最高速度35km/h・単体重量6kg・定価25,000円) "白いタンクに赤いエンジン"で親しまれた自転車用補助エンジン。全国の自転車店を販売網とする等、斬新な拡販戦略がとられた。

る決心をした。それが今日、あなたがたの商売になっている。ところで、戦後、時代は変ってきている。エンジンをつけたものをお客さんは要求している。ホンダはいま、そのエンジンをつくった。あなたがたは興味があるだろうか。返事をもらいたい』

　間口二間半奥行六間のウナギの寝床みたいな京橋槇町の東京営業所に、わっと返事が返ってきましたね。3万通くらいきたと覚えています」

3. 量産への始動

白子、大和、葵工場の建設

　カブ号による新しい販売網の拡大、ベンリイ号、ドリーム号の好評を背景にホンダは飛躍的な量販を意図し、思いきった工場建設に踏み切った。

　まず昭和27年(1952年)3月、埼玉県北足立郡大和町白子に、戦時中機械をつくっていた工場を買収、建設工事に着手した。

　荒れ果てていた工場を改築、補修している間に工作機械を運び、買収後わずか2ヵ月目の5月には、早くも稼働を開始した。この白子工場の稼働によって、生産量は急上昇した。

　翌昭和28年1月には大和町新倉(現和光市)に、土地10万㎡を買収し、大和工場の建設に着手した。この大和工場の建設も、驚くべきスピードですすめられ、5月には第1期工事が、7月にはほぼ全工事が完了した。これが現在の埼玉製作所和光工場である。この大和工場の完成によって、ドリーム号の一貫生産体制が、白子工場からここに移された。

　この時期の工場建設の動きは、日々前進するホンダの姿を如実に示したもの、といってよいだろう。なお大和工場は、このあと量産エンジン工場として、大きな役割を果たしていくことになる。

　一方静岡県浜松市においては、昭和28年12月、葵町に約6万6,000㎡の土地を求め、新しい工場建設に着手、この葵工場も5ヵ月後には稼働を開始した。わずか2年あまりの間に、一貫生産工場を連続して3ヵ所も建設したということは、わが国の産業界において、まったくその例をみない画期的な出来事であった。

4億5,000万円の工作機械輸入

昭和27～8年、わが国の産業界はようやく復興が軌道に乗り、生産設備の増大が叫ばれ始めていた。しかし、そのころ技術的には加工精度をだすために、熟練工がゲージをいろいろと組み合わせ、苦労しているというのが、まだまだ一般の実情であった。

このようなとき、良品に国境なく、良品こそが世界市場を制覇するとの考えから、昭和27年10月、世界主要先進国から、すぐれた加工精度をもつ工作機械輸入の方針を決定した。発注予定先はアメリカ、ドイツ、スイス、金額にして4億5,000万円という膨大な額にのぼった。

この意志決定が行なわれたのは、資本金がわずか600万円のときである。翌月増資して1,500万円となったが、それにしても一般の常識的な判断をはるかに超える決断であった。本田宗一郎氏、藤沢武夫氏は、のちにこう語っている。

「企業をその時点だけのソロバンで判断するのであれば、この決定は無謀であると非難されても当然であった。しかし、3年先、5年先、10年先を考えたとき、どうしてもやらなければならないことであった。かりにホンダが倒産して私たちが去っても、従業員とその設備は、日本のために生き続けるのだからとほぞを決めていた」

『良品に国境なし』

良品に国境なしということがある。どんなに関税という障壁を高くしても、いい品物は日本へ入ってくる。だからこれを防ぐのに、国家の施策で擁護してもらって、輸入制限にたよってやるということは、永久には続かない。

真の輸入防止、輸出推進であるなら、これはこっちの技術をあげることだ。むこうのものより品物をよくすることである。そうすれば自然とむこうの品物がこっちに入ってくるのがとまって、こっちから出ていくという考え方。これが根本的な解決でこれをやらないかぎり、政府の施策にたよって障壁をつくってもらったところでなんの役にもたたない。

だからおれはおれでやるんだという考え方。そうなると現在の設備では、

どんなアイデアを出しても設備がものをいう。これはもうどうしても設備を更新しなければならない。世界的なレベルの設備に更新しないかぎり輸入防止ができない。そうかといって、その機械を入れて払えないでつぶれるかもしれない。だけど入れずにいればつぶれるということは現実だ。つぶれるかもしらんけれどもそれがうまくフル稼働してくれて、もっと大きくなる可能性があるなら道は一つしかない。

　かまわない、機械を入れることだということに決心をした。そしてそれで大きく前進することができた。当時会社の資本金が600万円くらいのときに、3億円、4億円の機械を輸入した。それだから支払いには困っただろう。専務もずいぶん骨を折ったようである。もちろん私は技術屋のほうでは金は扱ってないから、そのほんとうの苦労はしないけれども、専務は頭をかかえてたいへんだったということは私も身にしみている。二度とこういうことをやってはいけない。いけないことではあるけれども、それをやらずにつぶれるということはなおいけない。そのとき理論的に私が踏み切らなかったら、今日の本田技研はない。その踏み切り方はいちばんの英断だったと思う。一生を通じての大英断であった。私にとっては4回目の踏み切りであった。

本田宗一郎著『スピードに生きる』より抜粋

　この輸入機械に加え、国産の工作機械も新たに購入設置され、この年の設備投資は15億円あまりにものぼった。この間に資本金も6,000万円に増資されたが、それでも資本金の25倍という思いきった設備投資であった。

　相次ぐ工場建設と、この積極的な設備投資によって、ホンダは、町工場的なオートバイ工場から、需要を自ら開拓し生産する企業へと脱皮していくことになった。

ベンリイ号の開発

　E型ドリーム号、F型カブ号が顧客の間にホンダの名を決定的に刻み込んだ昭和27年は、またそれに続く数々の商品が開発された年でもあった。昭和27年の春頃からスクーター(のちのジュノオ号K型)の設計研究が始まり、汎用エンジン

ホンダベンリイ号J型（1953年・空冷4サイクル単気筒・OHV型89cc・最高出力3.8ps/6,000rpm・3速・キック始動・最高速度65km/h・車重[乾燥]95kg）手軽に扱える便利さにちなみ"ベンリイ号"と名付けられた。このJ型では、エンジンとリアフォークが一体式の独特な、シーソー式リアクッションを採用していた。

ホンダドリーム号C70（1957年・空冷4サイクル並列2気筒・OHC型247cc・最高出力18ps/7,400rpm・4速・始動キック・最高速度130km/h・車重[乾燥]138kg・定価169,000円）"神社仏閣スタイル"と呼ばれた角張り形状で統一されたデザインをもつホンダ初のOHC2気筒エンジン搭載モデル。上下に分解可能なアルミ軽合金ダイキャスト製クランクケースや、スウィングアーム式クッションの採用等により、軽量化と低振動化が図られた。

の設計が行なわれたのもこの頃である。

　さらに秋に入ると、原動機付自転車ベンリイ号の試作設計も始まった。ベンリイ号の生産が開始されたのは、昭和28年6月である。原動機付自転車の法規内で、エンジンと車体がはじめから一体となった軽オートバイを希望する声にこたえてつくられたものであった。エンジンは4サイクル単気筒を搭載、性能は3.8馬力、最高時速65kmの高性能を発揮する、その名の通り"便利な"商品の誕生であった。

ジュノオ号の生産開始

　かねてから研究開発がすすめられていたスクーターに、ジュノオ号という名称が与えられ、本格的に生産が開始されたのは、昭和28年11月に入ってからであった。スクーターは、当時すでに他社によって生産発売されており、ホンダはこの面ではいわば後発メーカーであった。ジュノオ号を発表するには、ホンダらしい特徴をもった製品でなければならない。またそれだけのものが要求されていた。

　開発されたジュノオ号は、その期待にこたえた、創意いっぱいのスクーターであった。まずジュノオ号は、ポリエステル樹脂を大型商品化した世界最初のものである。そのためその商品化にこぎつけるまでは、次から次へと想像できない困難があらわれたが、技術者たちはこれに取り組み、一つ一つ解決してやっとできあがったものであった。それだけに、合成樹脂の成型技術や、量産の方式、仕組みなどジュノオ号の開発によりホンダが得た実りも大きかった。当時、スクーターで初めてのセルモーターや、方向指示器を採用し、雨の日でも乗れるようにと考えた折畳式の大型風防など、アイデアとオリジナリティに富んだ、いままでにまったく例をみない新製品であった。

　この車が発表されると、合成樹脂で初めてつくられた美しい曲線美や、各機能の独創性が評価された。

　こうしてドリーム号、カブ号の好調、新製品のジュノオ号の発表、工場建設、設備投資、新しい販売網の形成と、巨大な火山の爆発を予想させるような響きのなかで、昭和28年という年が暮れた。

ホンダジュノオ号KB型（1955年・空冷4サイクル単気筒・OHV型220cc・最高出力9.0ps/5,500rpm・3速・始動セル／キック・最高速度80km/h・車重160kg）ホンダ初のスクーター。セルモーター始動、ウインドウスクリーン標準装備、FRP樹脂などの最新技術・最新材料が使用された。KA型の排気量をアップした改良型。

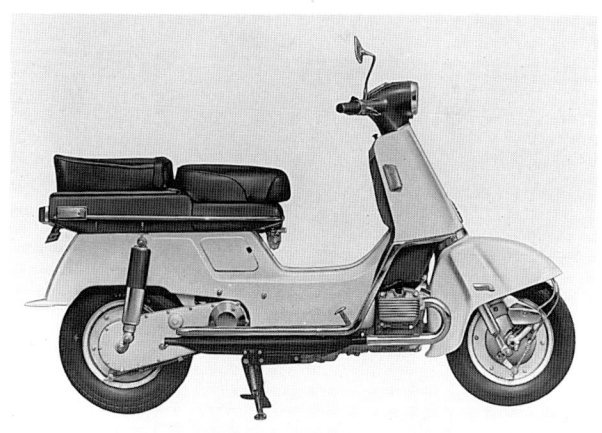

ホンダジュノオM85（1962年・空冷4サイクル・水平対向2気筒・OHV型169cc・最高出力12.0ps/7,600rpm・自動変速／手動変速・始動セル・最高速度100km/h・車重[乾燥] 157kg・定価169,000円）水平対向2気筒OHVエンジン／バダリーニ式油圧無段変速機などの、先進技術が詰め込まれたホンダ2作目のスクーター。125ccクラスのM80に比べ、性能的なバランスに優れていたモデル。

4. 苦難との闘い

ジュノオ号の教訓、カブ号の不振

昭和29年当時、社会情勢は前年から後退した景気がさらに悪化し、この年には倒産も相次ぐ不況の時代に突入していた。そのなかで、ホンダだけはだれの目にも飛躍的な大発展への道をたどると見られていた。ところが事態は一転、創業以来の難局に直面することになる。

その原因となったのは、全社の期待をかけて登場した、ジュノオ号の予想外の問題発生であり、ホンダの主要製品であったカブ号の売上げ下降、排気量アップした人気商品ドリーム号4E型のクレームなどが重なったことであった。ジュノオ号は、前述のようにアイデアとオリジナリティに富んだ画期的な新製品であったが、カバーですっぽり覆われたエンジンの冷却の問題、重量と操縦性等、また新機構になじめない点もあって、様々な問題が提起された。このときジュノオ号で初めて実現した種々のアイデアや苦しみの体験は、その後スーパーカブやその他の製品の開発に受け継がれ、その教訓は素晴しい成果として花開くのであるが、最初のジュノオ号は、昭和30年(1965年)5月で生産を打切り、後37年7月に発表されるジュノオ号M85型に引き継がれた。

一方、時を同じくして、カブ号の売行きも急速に下降線をたどった。一つにはカブ号に刺激された競争メーカーの新製品の出現もあったが、基本的には、自転車に補助エンジンをつけて満足した時代から、さらに高度な要求に需要が変化しつつあったことがあげられよう。

これらに加えて、軽自動二輪車の法規改正により排気量変更に合わせ、これまで人気商品であった146ccのドリーム号3E型を220ccに排気量アップした4E型に、キャブレターまわりのクレームが出始め、大量に売行きが伸びる春の時期に、売上げが低下するなどの事態が重なり合った。

おりから、戦後最大といわれた不況期にさしかかり、ホンダは逆境のさなかに立つことになった。

緊急体制

ホンダを襲ったこの急激な危機を打開するためには、全社をあげてこの問題

ホンダドリーム号6E型 (1955年・空冷4サイクル単気筒・OHV型189cc・最高出力6.5ps/4,800rpm・3速・始動キック) チャンネルフレームを採用したドリームE型シリーズの最終型。排気量は146ccから拡大されこの6E型では189ccとされた。

に取り組む必要があった。

　昭和29年4月20日、藤沢専務は急遽、埼玉製作所におもむき、全従業員に対して率直に状況を報ずるとともに、緊急体制の申し入れを行なった。

　誕生後日の浅い労働組合も臨時集会を開き、5月連休の延期、生産部門の残業延長、生産部門へ人員の応援等の緊急方針を決定、4E型のクレーム対処期間には、生産面では先行開発していた189ccのドリーム号6E型がピンチヒッターとして投入され、増産に労使一体となった全力投球が行なわれた。一方、全協力メーカーに対しても、この急場を切り抜けるために、全面的な協力が藤沢専務より要請された。またこのとき、生産台数を減らす、いわゆる生産調整の第1回が決断され、即時に実行に移されたが、これらについて本田技研の将来に賭けた大部分の協力メーカーの応諾を得るところとなった。

　このように藤沢専務を先頭に、内外を含めた緊急事態への対処がすすめられるのと並行して、技術上の問題(220ccに排気量アップしたドリーム号4E型のキャブレターのクレーム)が、本田宗一郎氏を中心とする技術陣で必死の努力がな

された結果、やがてこの問題が解決し、即座にユーザー、代理店や販売店に対し、改良キャブレターの交換が実施された。

かくして全体の成果が、着々と実を結び始めた。若い従業員のエネルギーの爆発を核に、関係者が一丸となっての推進によって、事態は急激に好転し、緊急体制は実施後1ヵ月に満たない5月8日には早くも解除され、各部署は平常の生産活動に戻ることとなった。

T.Tレース出場宣言 (注)

昭和29年4〜5月の緊急体制は解除されたが、経営的にはまだ不安を残していた。膨大な設備投資の返済も続いていた。しかしそのような時期にも、ホンダの夢の実現は、世界に焦点を合わせて、一歩一歩すすめられていた。

同年6月、本田宗一郎氏は、イギリス・マン島のT.Tレース出場のための視察という目的を秘めて海外へ飛び立った。これに先立ち、本田宗一郎氏が関係販売店や従業員に向けて、T.Tレース出場の固い決意を宣言したのは、視察の少し前、昭和29年の3月20日であった。

(注) T.Tレース (Tourist Trophy Race)：T.Tはモーターサイクルのオリンピックといわれる世界で最も代表的なロードレース

ホンダCR110カブレーシング　レース仕様車（1962年・空冷4サイクル単気筒・4バルブDOHC型49.99cc・最高出力8.5ps/13,500rpm・8速・最高速度130km/h・車重61kg）クラブマンレース及びT.Tレース参戦をねらい開発されたカブ・シリーズの最も高性能なモデル。

宣　言

　吾が本田技研創立以来ここに五年有余，劃期的飛躍を遂げ得た事は，全従業員努力の結晶として誠に同慶にたえない。

　私の幼き頃よりの夢は，自分で製作した自動車で全世界の自動車競争の覇者となることであつた。然し，全世界の覇者となる前には，まず企業の安定，精密なる設備，優秀なる設計を要する事は勿論で，此の点を主眼として専ら優秀な實用車を国内の需要者に提供することに努めて来たため，オートバイレースには全然力を注ぐ暇もなく今日に及んでいる。

　然し今回サンパウロ市に於ける国際オートレースの帰朝報告により，欧米諸国の実状をつぶさに知る事ができた。私はかなり現実に拘泥せずに世界を見つめていたつもりであるが，やはり日本の現状に心をとらわれすぎていた事に気がついた。今や世界はものすごいスピードで進歩しているのである。

　然し逆に，私年来の着想をもつてすれば必ず勝てるという自信が昂然と湧き起り，持前の斗志がこのままでは許さなくなつた。

　絶対の自信を持てる生産態勢も完備した今，まさに好機到る／　明年こそはＴ・Ｔレースに出場せんとの決意をここに固めたのである。

　此のレースには未だ曽つて国産車を以て日本人が出場した事はないが，レースの覇者は勿論，車が無事故で完走できればそれだけで優秀車として全世界に喧傳される。従つて此の名声により，輸出量が決定すると云われる位で，独・英・伊・仏の各大メーカー共，その準備に全力を集中するのである。

　私は此のレースに250cc（中級車）のレーサーを製作し，吾が本田技研の代表として全世界の檜舞台へ出場させる。此の車なら時速180km以上は出せる自信がある。

　優秀なる飛行機の発動機でも１立当り55馬力程度だが，此のレーサーは１立当り1.00馬力であるから丁度その倍に当る。吾が社の獨創に基く此のエンジンが完成すれば，全世界最高峰の技術水準をゆくものと云つても決して過言ではない。

　近代重工業の花形，オートバイは綜合企業であるからエンジンは勿論，タイヤ，チェーン，気化器等に至るまで，最高の技術を要するが，その裏付けとして綿密な注意力と真摯な努力がなければならない。

　全従業員諸君！

　本田技研の全力を結集して栄冠を勝ちとろう，本田技研の將來は一にかかつて諸君の双肩にある。ほとばしる情熱を傾けて如何なる困苦にも耐え，緻密な作業研究に諸君自らの道を貫徹して欲しい。本田技研の飛躍は諸君の人間的成長であり，諸君の成長は吾が本田技研の將來を約束するものである。

　ビス一本しめるに拂う細心の注意力，紙一枚無駄にせぬ心がけこそ，諸君の道を開き，吾が本田技研の道を拓り開くものである。

　幸いにして絶大なる協力を寄せられる各外註工場，代理店，関係銀行，更には愛乗者の方々と全力を此の一点に集中すべく極めて恵まれた環境にある。

　同じ敗戦国でありながらドイツのあの隆々たる産業の復興の姿を見るにつけ，吾が本田技研は此の難事業を是非完遂しなければならない。

　日本の機械工業の真價を問い，此れを全世界に誇示するまでにしなければならない。吾が本田技研の使命は日本産業の啓蒙にある。

　ここに私の決意を披歴し，Ｔ・Ｔレースに出場，優勝するために，精魂を傾けて創意工夫に努力することを諸君と共に誓う。

　右宣言する。

　昭和二十九年三月二十日

　　　　　　　　本田技研工業株式会社　　社　長　本　田　宗　一　郎

昭和29年(1954年)3月に出されたT.Tレース出場宣言の全文

第2部　可能性の追究

1. 極限への挑戦

T.Tレースへの道

　昭和29年6月、本田宗一郎氏は一路欧州へ飛び立った。イギリス・マン島で開催されるT.Tレースの視察を主な目的として、あわせて欧州の業界事情をも、つぶさに調査するためであった。同行は当時東大教授、運輸技術審議会委員であり、本田技研顧問を務める佐貫亦男氏ただ一人で、マン島では出迎えもなく、もちろん新聞記者などはその影もなかった。

　T.Tレースで受けた印象はきわめて強烈で、大きな衝撃を受けた。ドイツのNSU、イタリアのジレーラなど、優秀なレーサーがものすごいスピードで競い合い、同じ気筒容積(排気量)で、ホンダのエンジンと比較して3倍もの馬力を出している実態には驚嘆するほかはなかった。またタイヤ、チェーンなどの部品ひとつをとっても、日本の技術水準よりはるかに高いものであった。　しかし外人がやれるのに、日本人にできないはずはない。一にも二にも研究である、との決意も新たに、本田宗一郎氏は帰国の途についた。

　同年初頭、ブラジル・サンパウロ市で開催された市政400周年記念・国際ロードレースに、ドリーム号ベースのレーサーが国産車として初参加し、先進外国車と伍して、参加22台中13位獲得という成果を挙げた。

　国内でも各地で散発的に行なわれていた二輪実用車レースが、徐々に組織化され、活況を呈してきており、昭和30年(1955年)には、第3回の富士登山レースが業界新聞の主催で行なわれ多数のメーカーチームがこれに参加したが、ドリーム号は1、2、5位と上位を占めた。

　続いて昭和30年11月5〜6日、第1回の全日本オートバイ耐久ロードレース、いわゆる“浅間高原レース”が1周19.2kmの浅間の一般道路を含む、舗装されていない火山灰の路面で実施された。

　ホンダは125cc、350ccの2クラスでチーム賞を、350cc、500ccの両クラスで優勝をとげたものの、125ccクラスはヤマハ(日本楽器／ヤマハ)、250ccクラス

はライラック(丸正自動車)の制するところとなった。

　昭和32年(1957年)10月19〜20日には、浅間山麓に専用テストコースが新設された。荒削りながら1周9.4キロのコースで、第2回大会が"浅間火山レース"の名称で開催された。ホンダは350ccクラスで1位から5位までを占めたが、125cc、250ccの両クラスは共に敗れた。

　しかしこのとき本田宗一郎氏は、この敗戦を素直に認めながら「当社のオートバイはすべて本田独自の研究、開発から生み出されたものであり、この積み上げた貴重な財産は必ず花の開くときがくる。他メーカーで先進外国製品のフルコピーに近いものがあるが、当社は絶対に他の模倣はしない。どんなに苦しくとも、自分たちの手で、日本一いや世界一をめざして努力を続けよう」と信念を披瀝。そして、翌々年の昭和34年(1959年)に行なわれた第3回"浅間火山レース"には、ホンダは250cc4サイクル4気筒という超弩級のマシンをひっさげて出場、250ccクラスで1・2・3位、5位。125ccクラスでも1位から4位までを独占、見事雪辱を果した。

念願のT.Tレースに出場

　昭和34年(1959年) 6月、ようやく念願のT.Tレースに出場することになった。日本からは、昭和5年に多田健蔵選手が出場して以来、29年ぶりの参加であった。しかも、日本人が日本で造った車で出場するのはT.Tレース史上初めてのことで、レースの行なわれるイギリス・マン島では、"東洋から日の丸が挑戦"などと物珍しさも含めて報じられた。

　そんなさなかの5月3日、河島喜好監督以下一行8名は、この世界のひのき舞台をめざして、勇躍羽田を飛び立った。このレースへの出場は、勝敗は別としても、本田技研がT.Tレース出場宣言以来、着々と築き上げた技術の成果を、世界の強豪ひしめく、しかも難コースをもって鳴る厳しい試練の場でどのように発揮できるか、その真価の問われるところであった。

　マン島では気候風土の違いだけでなく、ホンダチームにとって初めて遭遇するいろいろな問題も多く、予想をはるかに上回る苦難のなかで、全員一丸となっての準備がすすめられた。

1959年6月3日午後1時、ホンダRC142(125cc、4サイクル、2気筒、DOHC＝ダブル・オーバー・ヘッド・カムシャフト)の出場する、ライトウエイト級の決勝レースが始まった。

　T.Tレース最大の激戦種目といわれるこの125cc級レースは、MVアグスタ、ドカティ両車種で出走27台を数え、そのほかモンディアル、MZ、EMCと強豪が顔を揃えた。

　ホンダチームは初めての出場にもかかわらず、6位に谷口尚己選手が、また鈴木義一、田中楨助選手が7、8位と続き、11位に鈴木淳三選手が完走し、125ccクラスでメーカーチーム賞を獲得、車の信頼性と日本の工業技術を認識させた。このメーカーチームとは、3台が1チームを編成してメーカー単位で争う、いわば世界のメーカー間における競争で、この栄誉を初参加のホンダチームが、コースに不慣れ、練習不足等、数多くのハンディキャップを克服して全車完走し、すべてにまさるイタリア車勢を撃破したことは、まさに特筆すべき出来事といえた。

　翌1960年は、125／250cc両クラスに出場、優勝こそ果たせなかったものの安定した走りで共に上位に入賞した。

　ホンダの健闘ぶりをロイター通信は次のように報じた。
「当日注目すべき功績の一つは、日本のホンダの性能であった。ホンダのライダーは、難関のマン島マウンテンコースで非常によく健闘し、250ccレースで4・5・6位に入賞、125ccレースでは全員完走し、6位から10位までを占めた」

　1960年度T.Tレースののち、本田宗一郎氏は次のように語っている。
「とうとうMVとうちとの覇権争いとなった。これは非常に愉快なことじゃないか。それに今度はいい勉強になった。技術的にも日本ではとうてい発見のできなかった新しい改善点が出てきて、非常に有益だったと思う。かえって今年1位をとらなかったことがよかったのじゃないか。1位をとる喜びよりか、それに満足してしまって研究が止まってしまうほうが恐ろしい。いつまでも進歩を得るための反省の機会を持ち続けたい」

(昭和35年7月号社報より転載)

河島監督を囲むホンダチームのライダーたち。左から北野元、鈴木義一、島崎貞夫、谷口尚己、田中慎助の各ライダー、マン島の宿舎ナースリーホテル前での撮影。

ホンダRC162

(1961年・空冷4サイクル4気筒・DOHC型249.4cc・最高出力45ps/14,000rpm以上・6速・最高速度220km/h以上・車重[乾燥]126.5kg) 1961年5月14日の西ドイツGPで、初めて日章旗がメインポールに翻った。RC162を駆る日本人ライダー高橋国光によって、初のグランプリ優勝という快挙が成し遂げられたのである。ホンダはこのRC162で、この年の世界二輪GP250ccクラスのメーカーチャンピオンを獲得、マイク・ヘイルウッドがライダーチャンピオンを獲得した。

ホンダRC160

(1959年・空冷4サイクル・DOHC型249.4cc・最高出力35ps以上/14,000rpm・5速・車重124kg)。ホンダ初の4気筒マシン。第3回全日本オートバイ耐久レース(浅間火山レース)優勝車。

ホンダチームは、この年、マン島T.Tレースにおいて多大の収穫を得たのち、ただちにオランダ、ベルギーその他のG.Pレースに転戦、次年度への期待を大きくふくらませる数々の入賞を果たした。

T.Tレース未曾有の新記録

昭和36年(1961年)、世界のG.Pレースの幕が開かれると、ホンダチームは第1戦目のスペインG.Pで、ホンダ車を駆ったT・フィリス選手がまず初優勝を飾った。続く西ドイツG.Pで、高橋国光選手が250ccクラスで日本人として初めての優勝をなしとげ、マン島T.Tレースを目前にして、着々と勝利への階段を踏みしめる形となった。

いよいよ6月12日が来た。マン島でのホンダのレーサーは、125ccクラスにおいて、最強の対抗馬と目されていたMZチームを寄せ付けず、新鋭ヘイルウッド(125cc、250cc両クラスに優勝)、タベリ選手、そしてフィリス、レッドマン選手に加え、日本の島崎選手等が息詰まるデッドヒートを展開、数々の新記録をうちたて、1位〜5位を独占、ホンダ勢の圧勝するところであった。

また続く250ccクラスのレースでも、T.T史上、空前絶後と思われる強力なホンダの4気筒は、マッキンタイア選手の驚異的なラップコード樹立や、ヘイルウッド選手の危なげない独走優勝で、MVのもつ従来の数字を文句なしに書き換え、未曾有の新記録を樹立した。

イギリスの『デイリーミラー』紙は次のように伝えた。

「日の昇る国、ジャパンは、マン島T.Tで125cc、250ccとも1位から5位までを獲得し、その輝かしい成績をツーリスト・トロフィ・レースの歴史の上に残した。マン島では、たった三度しか出場したことのない日本のメーカーが、いかにして驚くべき成功を成し遂げたか？ (中略)われわれが日本の車をバラしてみて、正直にいってわれわれを驚かすだけの優秀さがあった。車は腕時計のように精巧につくられていた。そしてそれはなにもののコピー(まね)でもなかった。(後略)」

本田技術研究所の独立

昭和35年(1960年)7月、激しい技術革新の時代にあって、絶えることのない研

究、開発こそ、企業発展の原動力であることに早くから着目し、これまで本田技研の心臓部として製品の開発を担当してきた技術設計部門が新たに「株式会社本田技術研究所」として分離、独立した。

　開発部門は、利潤追究、量産効率の徹底をめざす販売・生産部門と、組織、資本が同一であるべきでないという考え方にたち、むしろ量産体制とまったく異なった仕組みのなかで"未知の世界の開拓を通じて新しい価値の創造"をめざし、スタートしたものであった。

　株式会社として独立した技術研究所の形態は、日本では初めてで、研究組織の新しい方向を開くものであった。

　本田宗一郎氏は、研究所の真の意義について次のように語っている。

　「企業発展の原動力は思想である。したがって研究所といえども、技術よりそこに働く者の思想が優先すべきだ。真の技術は哲学の結晶だと思っている。私は"世界的視野"という思想のうえに立って、理論とアイデアと時間を尊重し、世界中の人々が喜んで迎えてくれる商品を送り出すことに、研究所の真の意義を感じているのである」

2. 量産体制の実現

鈴鹿製作所の建設

　昭和33年(1958年)7月にスーパーカブ(注)を発表、8月から発売された。

　このスーパーカブは、首脳陣の要求により、二輪車の底辺需要拡大の目的で開発されたもので、それまでヒットした量販車が月2,000台とか3,000台であったなかで、当初から3万台〜5万台を目標とした画期的な商品であった。

　カブ号F型が"自転車にエンジンを"という発想から造られたのに対して、このスーパーカブは同じ50ccクラスであるが、高性能二輪車を基盤として"超小型で操作が容易、しかも低価格のものを"という新しい発想に挑戦し、これを実現したものであった。49cc、4.5馬力の斬新なデザインのこの車は、軽やかで、まったく明るいイメージの軽量二輪車であった。初心者や婦女子でも手軽に乗れて、運転もノークラッチ、そしてセルモーターも装着され、通学用に、

(注)　スーパーカブ開発に関する詳細は後述。

買物に手ごろなモペットの出現であった。商店の配達用にも、片手で運転できることなどからその便利さが受けた。価格の安さとあいまって、明るい健全な市民の足として、発売と同時に爆発的な人気を呼んだ。

昭和34年、スーパーカブの需要予測を前提に新しい工場の建設を決定、ホンダは三重県鈴鹿市に69万5000㎡の土地を購入し、本格的な量産工場を建設することとなった。

これに先立ち、白井孝夫氏(当時埼玉製作所管理部次長)は、4月から6月にかけてまったく新しいマスプロ工場実現の目的を胸中に、世界各国の調査を行なった。この調査結果から指向された基本の方向は、これまでの常識の延長では考えられない規模と内容のものであった。

資本金14億円の当時、総額70億から100億円と予想された鈴鹿製作所の建設は、時代を先取りする決断であっただけに、一般にはこの決定を危険なものと受け取られるむきも多かったが、スーパーカブの本格的量産の体制が、総知を結集し、極限を追究しよう、という意気込みのなかで着手されたのである。

建設は、役員会で示された基本的な方針だけをよりどころに20歳代の若者を中心とするグループによって計画され、全社の知恵の結集によって、生産体制を含めたいっさいの計画が推進された。この時示された基本方針は、

1) 投資無限、回収有限　2) 将来とも模範となるマスプロ工場であること

3) 地域社会に密着するもの

というきわめて簡潔なものであった。

昭和35年1月、全体のレイアウトが完成した。レイアウトは、近く迎えるであろう四輪車を想定しての結びつきを前提としていた。移転や増設に莫大な費用が予想されるものは、最初から四輪生産を考慮に入れたうえでの設備と配置が決定された。ラインは一直1万5,000台、二直3万台を基準とし、メッキ塗装ほかの設備も、これに合わせた規模で決められた。工場は無窓、完全空調式で快適な労働環境と高水準の精度保持を意図した。これは自動車、オートバイ産業では、世界初めてのものであった。

こうしてスーパーカブの量産体制は整っていったのである。

ホンダスーパーカブC100（初期型）。

鈴鹿サーキット。昭和37年（1962年）9月に完成。三重県鈴鹿市の起伏のある丘陵地帯を利用し、コースレイアウトはフーゲン・ホルツ氏の協力を得て設計された。全長6,004m、ショートコース2,271m、直線800m、立体交差1カ所（データは開設当初のもの）。1963〜1965年における二輪日本GPが開催された。現在はF-1GPコースとしても有名である。［写真は1963年撮影］

地域社会と共に

鈴鹿進出の決定と共に、鈴鹿を中心とする名古屋、大阪などの周辺都市も含め、協力メーカーの新規取引の呼びかけが行なわれた。スーパーカブの量産や将来の四輪車生産を考えた場合、幾多の部門にわたって協力メーカーや企業が必要であった。そしてホンダは呼びかけにこたえた数多くの企業と共に、共存共栄の方法を、地域社会に密着した形で展開することとなった。

鈴鹿製作所は、市の代表的な企業であると同時に、鈴鹿市の一員でもあり、四日市港を中継として世界を結んでいる。

昭和36年2月に、三重県鈴鹿市に133万㎡、東京都日野市に12万㎡の土地を取得して、鈴鹿サーキット、多摩テックがつくられた。

これは、当時"カミナリ族"といわれたオートバイ暴走族が社会問題として取りあげられていた頃である。

これらを運営する㈱モータースポーツランド(昭和50年当時の名称)は単なるレジャー施設の経営だけでなく、日本における正しいモータースポーツの普及がその創立の趣旨であり、また安全運転の訓練、モーターサイエンスへの貢献等、青少年に対する社会教育振興の一環をになっている。

当時国内には本格的自動車競走用施設はなく、車の安全性、性能追究の場として、レーシングコースの建設が望まれていた。この要請にこたえ、国際的なサーキット施設づくりに着手し社会に公開するとともに、青少年が楽しみながら自動車やエンジンのついた乗り物を通じて科学技術に親しみ、技術の体得ができる場を完成させたのである。これは、もちろん、わが国で初めてのものであった。

昭和37年には、鈴鹿サーキットで二輪世界グランプリレースの最終戦ともいえる"第1回全日本選手権ロードレース大会"が開催された。

3. 世界市場への進出

輸出の始まり

昭和27年にはF型"カブ号"が、台湾、ブラジル、アメリカ、中米等に少数

であるが輸出された。これらが本田技研における輸出の"始まり"といえる。昭和28年からは、ドリーム号、ベンリイ号も加わったが、台数、金額ともに限られた数字でしかなかった。

　昭和32年には全世界への市場進出が企図されて、積極的な施策が打ち出され、幅広い検討が開始された。なかでも国際価格をめざして、3月にドリーム号、8月には再度ドリーム号の2次値下げと、ベンリイ号の値下げが行なわれたが、これはおりからの金融引き締めのさなか、ホンダの輸出への強い決意を示したものであった。

　輸出は当初、商社依存の形で行なわれたが、市場の開拓は自らの手で行なう決意と、車に必要なサービスの万全をはかる意味合いから、自力での流通網作成を急ぎ、海外市場の拡大と、当時日本経済界の課題であった貿易の自由化に、積極的に取り組むこととなった。当時、他自動車産業はすべてが商社による海外輸出と、保護関税による自由化対策を行なっていただけに、ホンダのこの路線は業界の注目をあびた。

アメリカへの進出

　昭和31年から32年にかけて、当時営業課長兼東京支店長であった川島喜八郎氏を中心とするスタッフは、ヨーロッパ、東南アジア、アメリカの市場を分析した。その頃ヨーロッパでのオートバイは、年間需要も大きく、市民の足として定着していた。また発展途上にあった東南アジアの各国においても、その必要性が認識されかけてきており、将来の需要が予測されていた。

　一方アメリカでは、すでに四輪車が交通手段の主流を占め、オートバイは年間わずか6万台の需要でしかなかった。オートバイはむしろ嫌悪すべき感すらもたれ、"ブラックジャケット"などという言葉は、一部の皮ジャンパー族をさした。いずれにしても一般市民の生活とは縁遠いものであった。

　しかし、昭和34年(1959年)、アメリカへの進出が決められた。
「世界の経済はアメリカから起こって来ている。もしアメリカで新しく二輪の大量の需要をつくり出すことができれば、必ず世界的なものとなり、そこにオートバイ産業の飛躍的な未来が開ける。アメリカで駄目なら、二輪車は国際的

な商品とはなり得ない」との強い信念からであった。

アメリカ・ホンダ（アメホン）の設立

昭和34年、河島喜好氏はイギリス・マン島へ、川島喜八郎氏（支配人）はアメリカへ飛び立った。アメリカへ出発したのはわずか3名であった。その国に根付いて仕事をする以上、その国の人たちが主役となって、喜んで働いてもらえる企業でなければならない、という考えに基づいた渡米であった。この考えは、いまでも世界各地に設けられている現地法人企業に流れている思想の根底をなすものである。

まず最初の拠点には、ロサンゼルスが選ばれた。同地は雨が少なく、気候や風土が温暖なうえ、発展途上のこの地は、将来に大きな期待のかけられる有望な市場といえた。同年6月、現地法人、アメリカ・ホンダモーター（略称：アメホン）が設立され、さまざまな苦難といばらの道を切り開くこととなる。

需要創造の火付け役ハンターカブ

年間6万台のアメリカのオートバイ市場は、ハーレーダビッドソン（米）、NSU、BMW（独）、トライアンフ、ノートン（英）など500ccクラス以上の大排気量車がこれまでつくっていた市場であった。

こうした状況のなかで始められた販売活動は、困難をきわめるものであった。設立1ヵ月目の販売台数は8台、3ヵ月経ってやっと50台くらいになった。当初の計画ではもっと売れるはずであった。オートバイは、一部の好事家、レース狂などの乗り物といった認識を払拭するに至らなかった点に加えて、ホンダが販売の主力製品とした50ccクラスのスーパーカブ、125ccクラスのベンリイ号、250・300ccのドリーム号は、大排気量車に慣れたこの国では、容易に受け入れられなかったのである。

しかしながら、川島支配人を先頭にアメホン従業員の昼夜をわかたぬ開拓の努力は、やがて二輪の新しい需要の芽を見出すときがきた。一つは、この地の風俗、風土に焦点を合わせた魅力ある商品の開発である。西部開拓のなごりを感じさせる狩猟や壮大なレジャー、広大な農園管理用などをねらいとしたハンターカブなどが新開発され、需要創造の火付け役となった。

また販売拠点づくりが、従来の既成概念、常識をまったくくつがえしてすすめられた。いっせいに送付されたダイレクトメールは"新しい商品"の紹介と"新鮮なイメージ"での販売を呼びかけた。新規に運動具店やモーターボート店、釣具店などが、レジャーの新しい方向をつくり出すべく開拓され、販売に従事することになった。既存のオートバイ販売店に対しても店舗改装が積極的にすすめられ、従来の薄暗く、油にまみれた、といったモーターサイクル店のイメージは、急速に切り換えられていった。

ホンダ50　CA100
(1962年・空冷4サイクル単気筒・OHV49cc・最高出力4.3ps/9,500rpm・3速・始動キック・車重[乾燥] 55kg) スーパーカブC100の輸出用モデル。アメリカでは"HONDA 50"の名称で販売された。(写真は1966年型)

ホンダハンターカブC100H
(空冷4サイクル単気筒・OHV49cc・3速・始動キック・車重[乾燥] 72kg・価格60,000円)。ホンダC100をベースに改造されたハンターカブ。[写真は国内向モデル]

サービスの問題も重要であった。世界に通用する良品であることの前提からつくられるホンダ製品には、愛好家の信頼と、高い評価が寄せられたが、国情の違い、使用条件の差などから起きるトラブルも少なくはなかった。

　これらに対して、アメホンの払ったサービスに対する細心の注意や部品の提供についての努力、またはどんな場合にも迅速に対応できる体制は、国境を越えて顧客の絶対の信頼をかち得るところとなった。

噴火した巨大市場

　明るいショーウインドウに飾られた魅力的なスーパーカブは、このようにして市民の心をとらえることに成功していった。アメホンは企業家精神旺盛な二輪販売店と共に、この機をとらえて、オートバイを明るい市民の乗り物としてのイメージを確立するため大規模なキャンペーンに乗り出した。“ナイセスト・ピープル・キャンペーン”である。しかも、いままでの業界紙を中心とした宣伝が、一挙に『ライフ』『ルック』『プレイボーイ』等の全国民を対象とした媒体誌を効果的に使って実施された。この展開は、アメホンの具体的な諸活動を強力に支え、新しい市場の芽生えを確固たるものにするとともに、勤労者や学生、主婦などの幅広い層に、身近な乗り物としてのイメージを定着させた。それまでの“ブラックジャケット”などのイメージは完全に拭い去られ、だれにも親しまれる健全な交通の用具、明るく楽しめるスポーツの用具として、二輪車の地位が確立されたのである。

　『ライフ』誌は「ホンダに恋をしたアメリカ」と題しての次の一文を、全世界に伝えた。

　「このロマンスはホンダがわずかに4年前にアメリカにやって来たときに始まりました。実際ライフ誌のスタッフのだれひとりとして1959年には、かようなロマンスの花が咲くのを予期もせず、またそのあとに来た交通革命を夢にも見ませんでした。ホンダがアメリカにもたらしたのは、小さい、かわいい、清潔でそして安価な車だけではありませんでした。ホンダはそれ以上にいままでオートバイを持ったことのない何千かのアメリカの家庭に、まったく新しい生活方法をもたらしたのです。

"ナイセスト・ピープル・キャンペーン"はアメリカを母体として全世界にオートバイの新しいイメージをつくりあげた。

YOU MEET THE NICEST PEOPLE ON A HONDA

　ホンダはオートバイそのものに対する新しい考え方を生み出しました。永い間オートバイが連想させた黒皮のジャンパーを着たラフな男達というありがたくないイメージは消え去り、愉快なイメージ、幸福なイメージ……ついに多くのアメリカ人が受け入れることのできるイメージ……になったのです。つまりホンダの製品はオートバイに乗ること自体に社会的品位を与えたのです。今日では、ホンダは真にアメリカ市場を魅惑しました。

　現在、アメリカで販売されている内外の45種以上に及ぶ車種のなかで、ホンダは売行きを単独で完全にリードしています。1963年の末までにホンダ車は全市場の70パーセントから72パーセントを獲得してしまうだろう、とホンダの人はいっています。これはどう考えても驚くべき数字です。

　いまホンダはどこにでも見られます。映画俳優、家庭の主婦、サラリーマン、学生達……みんながホンダを使うようになり、どこへ行くにもホンダに乗って行きます。男も、女も、若い人も、老人も、買物に、あるいは子供を学校につれていくために、あるいは通勤、レクリエーションにホンダを利用しています。すべての気軽な"あし"にはホンダが適役です。なかには、もし3、4年前に"オートバイを使ったら"とすすめられたら両手を高くあげて"とんでもない"と軽蔑した人々もありました。が、いまではどうでしょう。バイクから離れられますまい。

企業心のあるビジネスマン達もホンダに目をつけました。

　その結果は全アメリカにまたがる1,000に近いディーラーの販売網で、みんながそれぞれのお好みの乗り物を売ったりサービスしたり……そしてもうけたりしています。そしてそれは当然です。アメリカ市場唯一の、真に精練されたモーターサイクルエンジンであるホンダは、手間のかからない、故障のない車であることを証明したのです。

　ライフ誌はアメリカ・ホンダの依頼によって1964年の全国販売広告キャンペーンを手助けすることになりました。このキャンペーンによって、ホンダがアメリカで短い間につくりあげた社会的地位を、将来アメリカ人に受け入れてもらうことが期待されています。

　そうです。たしかにアメリカは恋をしています。そしてその愛されている彼氏の名はホンダです」

　設立時の販売目標「年間6万から10万台」という台数も少ないものではなかったが、創業の苦しみを数々の努力で踏破した昭和38年(1963年)には8万4,000台を売り上げ、さらに昭和40年には26万8,000台を販売、アメリカに対するオートバイの輸出比率は65パーセントを占めた。

　このアメホンの巨大都市開拓によって、ホンダは名実ともに、世界のトップメーカーとしてのリーダーシップを不動なものとしたのである。

ヨーロッパ、東南アジアへの展開

　昭和36年、アメリカへの進出に続いて、ヨーロッパ市場への進出のため、同年6月、西ドイツのハンブルクに、ドイツ法人ヨーロッパ・ホンダを設立した。

　当時、ヨーロッパの二輪市場は、イギリス、ドイツ、フランス、イタリアの各国と、オランダ、デンマーク、スウェーデン、スイスの各国の二つの形態に分けることができた。前者は二輪車の生産国であり、輸出国であり、国内需要の大半は自国の車でまかなっていた。後者は消費国であり、輸入国であって、輸入車、輸入組立で内需にあてていた。いずれも大衆の運搬、交通の用具として、すでに重要な役割を果たしており、日本を除く世界の保有台数の85パーセントを占める大きな市場が形成され、需要は年間200万台の生産に裏付けされ

るように、安定した動向を示していた。

　翌昭和37年(1962年) 9月、ベルギー王国内のアルストに、日本から最初の海外生産工場、ベルギー・ホンダが設立された。

　ベルギー・ホンダは、EEC(ヨーロッパ経済共同体、現在のEC)域内での生産活動を行ない、ヨーロッパ・ホンダの販売を通じて販売体制を強化することであった。またEEC内に生産工場を持つことは、関税面での優遇措置、生産コスト、流通コスト等のメリットがあり、販売競争力を倍加するものであった。

　ヨーロッパにおける二輪車需要の多くは、若者向きの実用車、50cc以下、最高スピード40km、自転車についているようなペダル付き、免許なしで乗れる「モペッド(Moped)」で占められていた。

　これにこたえるため、スーパーカブを更に簡素化したコストダウンモデルのポートカブ(昭和37年発売)のエンジンをベースとして開発された新機種モペットC310は、T.Tレースなどで活躍したホンダに対する技術的評価、製品に対する信頼、現地ヨーロッパでの大量生産に基づく低価格などから魅力あるモペットとして期待された。

　しかし、このモペットはなかなか計画どおりにいかなかった。現地の利用者の好み、体格、規制などに合わせた、どちらかといえばモーターサイクル的モペットを提供したのであったが、利用者が自転車に近いものを求める固定観念

タイ・ホンダのスーパーカブ組立ライン。積極的に海外進出をはかったホンダは、早期から現地生産を推進した。

を払拭できなかったこと、また、生産面においてもホンダ独自のデザイン、技術を盛り込んだため現地での部品調達(エンジンを除く)に困難を生じたことなど販売、生産の両面から苦難を強いられた。

さらにこのベルギーの工場は、きわめて短期間で、工場建設、稼働が行なわれたが、つくれば売れるといった過信も禍いし、在庫増による資金圧迫から、閉鎖の危機までを招いた。この教訓は大きな警鐘となり、その後アジア・ホンダほか海外進出の計画に活かされた。

昭和39年には、北米、ヨーロッパに続いて東南アジアへの進出が行なわれた。東南アジアの国々は、それぞれの自国意識にめざめ、積極的な産業育成と、生活や技術レベルの向上をめざしていた。

その頃二輪車の輸出はそのほとんどが北米、ヨーロッパで占められていたのが実情であった。しかしながら東南アジアの各国は、距離的に日本に近いこと、季節変動による需要の増減が少ないことなども含めて、市場としてきわめて大きな価値を秘めていた。

そして昭和41年、バンコクにタイ・ホンダが設立された。この工場は、ホンダと現地資本による合弁のKD (ノックダウン＝部品の一部または全部を輸出し、現地で組立販売をする方式)方式を取り入れた生産工場であった。

4. 国内販売戦略

スーパーカブと二輪販売網

昭和25年、東京営業所の開設後、27年に名古屋支店、大阪支社、四国支店(昭和30年に大阪支店に統合)の3支店を開設、国内営業の体制を整えた。

また、昭和28年には九州支店を、29年に東京支店および北海道支店を加え、販売体制の一層の充実がはかられた。

昭和33年8月に発売されたスーパーカブは、発売直後から日本市場で爆発的な売行きを示した。スーパーカブによって、ホンダは初めて近代的なマスプロ、マスセールの企業に入ったということができる。

この量産量販を前提としたスーパーカブの販売は、"需要はつくるもの"と

ホンダスーパーカブ
CM90（1964年・空冷4サ
イクル単気筒・OHV
86.7cc・最高出力6.5ps
/7,500rpm・3速・始動キ
ック・車重83kg・価格
75,000円）スーパーカ
ブ・シリーズの90ccク
ラスのエンジンを搭載。
輸出仕様車のC90はダブ
ルシートが付けられた。

ホンダスポーツカブ**C110**
（1960年・空冷4サイクル
単気筒・OHV 49cc・最高
出力5.0ps/9,500rpm・4
速・始動キック・最高速
度85km/h・車重66kg・価
格58,000円）初期型はア
イボリーホワイトの塗
装タンクであったが、
翌年にはメッキカバー
に変更された。また、
1961年には排気量を
54ccにしたC115を発売。

スズキセルペット**MA**
（1960年・空冷2サイクル
単気筒・ピストンバルブ
50.16cc・最高出力4.0ps
/8,000rpm・4速・始動セ
ル・最高速度75km/h・車
重［乾燥］58kg・価格
58,000円）キックペダル
を廃し、セルモーター
始動の豪華な装備をも
つスズキのモペットモ
デル。

いう基本理念を背景に、従来のドリーム号、ベンリイ号の販売網とは別に、新たな販売網をつくることが計画され、販売網のすそ野が大きく広げられることとなった。このスーパーカブを迎えてから、全国的に大々的な新規販売店募集を行なった。自転車販売店を中心に全国に4万通のダイレクトメールが発送されたが、このほか広く新しい力を求めて、対象業種は多方向に、たとえば材木商、乾物屋、椎茸栽培業にまで及んでいた。

　この呼びかけに、約3,500通の返事が寄せられ、このなかから約600店がスーパーカブの販売店として選定された。月3万台の販売計画に対して1店平均月20台販売するものとして、最終的には全国に1,500店が設けられる予定であった。

　その後も、さらにスーパーカブの取扱いの申込みは続々となされていたので、引き続き販売店数は大幅に増加していった。

　スーパーカブ発売に際してこの販売店の募集、および末端販売拠点の育成を通じて、二輪車の販売網は一応その体制ができたといえる。

　販売量の拡大とともに効率を追究する流通形態として、多くの機種が「卸し」は「卸し」、「小売り」は「小売り」という形になり、代理店から販売店に商品が流れる体制ができあがった。

　その後、スポーツカブをはじめとする二輪車の新製品が加わったが、スポーツカブのとき新しく代理店が募集された以外は、原則として、販売力、決済力のすぐれた代理店がこれを扱い、そこから販売店を通じてユーザーに結びつくという形がとられ、こういった流通形態は昭和42年(1967年)頃まで続いたのである。

需要と商品の広がり

　いわゆるカブ・スタイルと称されるホンダのユニークなデザインは意匠登録をされたが、その後、スズキ、ヤマハなどの他のメーカーもこぞってこれに目をつけ、モペットの主流的なスタイルになった。このデザインは、昭和35年(1960年)に毎日産業デザイン賞を受賞し、さらに、昭和38年には性能、品質、耐久性、経済性等、苛酷なテストに合格したモーターサイクルのみに与えられるイギリスのモード賞を受賞した。

ホンダCT50
(1968年・空冷4サイクル単気筒・OHC型49cc・最高出力4.8ps/10,000 rpm・3速＋副変速機・始動キック・最高速度70km/h・車重71.5kg・価格65,000円) スーパーカブC50をベースとしてレジャー用に利用することを考慮して開発。ハンティングや釣り等に便利なキャリア等がオプションにて用意されていた。急坂や悪路にも、副変速機付ミッションで対応した人気モデル。

ホンダスーパーカブ50S DX
(1982年・空冷4サイクル単気筒・OHC型49cc・最高出力5.5ps/9,000 rpm・始動セル／キック・4速・車重78kg［データはスーパーカブ50］) 省燃費なエコノパワーエンジンを搭載したモデル。燃料タンクとシート部が一体となった直線的なデザインを導入。角型ヘッドライト、ウインカーなどが特徴。

加えて、画期的なセルモーター付の登場などによりカブのもつ機能的な便利さが、日常の生活のなかで使って楽しめる商品として、いままでのオートバイになじみの薄かった層を、新しい需要者として開拓することになった。

　スーパーカブには、たえず新しい開発が加えられた。若者向けのスポーツカブ(昭和35年発売)、遊園地の乗り物としてのモンキーZ100(同36年)、排気量を90ccクラスに拡大したビジネス車C200(同38年)、レジャー用としてのハンターカブCT200(同39年)、などがそれである。その後、搭載された50ccクラスOHVエンジンは、昭和41年(1966年)にはOHCへと進化し、より優れた性能と耐久性、経済性等から、そのエンジンをベースとして数々の派生モデルを生み出した。レジャー用のモンキー、ダックス、その女性版のシャリイ、ビジネス用のCDシリーズなどがそれである。また、車体の色彩も、従来の一色に固定されたオートバイの常識を破り、赤、白、黄、緑などあざやかなカラーが登場した。

　また当初に発売されたスーパーカブは、エンジンの排気量は50ccクラスであったが、用途が広がるにつれて、もっと強い力のタイプも要求され、これにこたえるため、排気量を55cc、65cc、70cc、90cc、100ccクラス等に範囲を広げていくことになった。

　さらに新聞配達用、郵便配達用のモデルなど、業種に応じた便利な運搬用アクセサリーパーツも各種用意され、スーパーカブとその派生モデルは、多目的に使用される新しい道が拓かれた。

　かくしてスーパーカブは、昭和42年に累計生産台数500万台を達成、昭和46年には1,000万台、平成4年には2,000万台、平成12年には3,000万台を突破、アジア地域での爆発的ともいえる好調な需要に支えられて、海外生産は衰えることなく増え続け、スーパーカブ・シリーズは平成20年（2008年）には、誕生してから50年の時を経て6,000万台という前人未踏の記録を打ち立てたのである。

　近年、化石燃料である原油の枯渇問題、二酸化炭素排出の削減など世界は大きな変換を迫られている。こうした社会問題を抱える現代社会においても、実用性の優れたスーパーカブ・シリーズは、ますますその価値を世界に発信し、多くのユーザーに支持されているのである。（2008年編集）

第❸章

『開発者の証言』
Super Cub Design Philosophy

初代スーパーカブの開発を担当した技術者達によって、徹底して追求された合理的設計、新素材の採用などの技術経緯や、気どりのないデザイン等に隠された開発思想など、数々の開発秘話が語られた……。

原田　義郎／木村　讓三郎
YOSHIRO HARADA / JOZABURO KIMURA

原田義郎（はらだ　よしろう）　昭和28年(1953年)本田技研工業(株)入社。車体設計課長としてスーパーカブの開発に携わる。CB72開発の頃から二輪車開発の統括責任者となり、ミニバイクシリーズからCB750、CB500Fourに至る数々の製品の開発を担当する。昭和48年に本田技術研究所主席研究員。昭和62年退職。

木村讓三郎（きむら　じょうざぶろう）　東京開成高校、千葉大学工学部工業意匠科卒業。昭和31年(1956年)12月本田社長と藤沢専務欧州出発直前に入社。スーパーカブのデザインを担当。以後初代デザイン部門の主任研究員マネージャーに就任。昭和50年以降浜松製作所技師、ブラジルホンダ取締役(駐在)、本社で参与就任等を経て平成2年定年退職。

スーパーカブの開発

原田 義郎 インタビュー

——スーパーカブの誕生については？

スーパーカブを語るうえで、忘れてはならないのは、カブF型（自転車用補助エンジン）が原点となっている点です。"Cub（カブ）"という名称は、英国のトライアンフに"タイガーカブ"という歴史に残る名車があったので、多分その名が頭の中に残っていたのではないかと思います。それで初代のコンパクトな補助エンジンに"カブ"というネーミングがつけられ、その完成車であり、性能面でもその上をいくという意味で"スーパー"が付け加えられました。

昭和27年（1952年）にこのカブF型が発売されまして、よく売れたのです。その頃、ホンダの製品の売上げの中心になっていたのは2サイクルの本格的な二輪車であるD型ドリーム号でした。

このD型がOHVの4サイクルエンジンを搭載したドリームE型に発展したり、ベンリイ号J型が開発された関係もあり、社内では2サイクルと4サイクルの何種類かのエンジンが研究されていました。

スーパーカブには、この評判の良い4サイクルエンジンを搭載しました。

しかし、今のスーパーカブの原型となったC100の成功というのは、エンジンも重要な要素ですけれども、全体のパッケージングやそれまでにはなかった画期的なスタイルなどとの総合的な良さが理由と思っております。

——確かにスタイルは独特ですね。

国内では、ラビットやシルバーピジョンにみられるようにスクーターが主流だったわけです。そのスクーター中心の市場を一変したのがスーパーカブだと思います。

昭和31年（1956年）末に本田宗一郎社長と藤沢武夫専務が一緒に欧州を視察された後、「ヨーロッパのモペッドが日本にも普及して良いはずだ」と言われまして、ホンダの研究員の中にも同様な意見がかなりありました。

補助エンジンのカブF型は確かに良く売れたのですが、やっぱりエンジンだけでは二輪車とは言えませんしね（笑）。それと自転車も補助エンジンを付けると各部の強度が不足して、エンジンの振動等の影響で故障をおこすとか、スピードが上がると最悪の場合に自転車のフロントフォーク部が折れるということがありました。

この様なトラブルが起こったりしたのと、ユーザーである市民の所得が増えてくるにしたがって、だんだんカブF型の需要も減ってきたので、本格的な実用二輪車を造ろうということに対する社内の機運も次第に高まってきました。ですから、カブF型のユーザー層はそのまま後継車にあたるスーパーカブC100に継承されることになったのです。

——スーパーカブC100の開発にあたり参考にされた二輪車等はあったのでしょうか？

お二人の欧州旅行の際にサンプルを何台か購入してきてくれました。忘れてしまっ

NSUクイックリィ
（1954年・2サイクル単気
筒・49cc・最高出力1.3ps ／
5,000rpm・2速・ペダル始
動・最高速度約50km／h・
車重49kg）発売翌年 の
1955年には月産15,000台
をマークしたという、ヨ
ーロッパを代表する西ド
イツ製のモペッド。価格
は50,000円程度でイギリ
スなどにも輸出された。

シート、キャリヤ、タン
ク取付部等までアルミダ
イキャスト製の試作・検
討用モデル。スーパーカ
ブ開発前に製作。サドル
型のシートで、燃料タン
クはフレーム前部分に取
り付けられている。エン
ジンの仕様もスーパーカ
ブとは異なる。

右奥に見えるのがスーパ
ーカブのクレイモデル。
量産型に近いけれどもこ
の段階ではパイプハンド
ルとなっている。手前の
モデルは別案のタイヤ小
径型の検討用モデルで、
このタイプはストップさ
れた。(昭和32年、設計部
造形室内で撮影された)

た銘柄もありますが、一番売れているといわれた西ドイツのNSUのモペッド・クイッククリイ、スーパーカブの様にフロントカバーは付いていませんでしたが、50ccクラスのペダル付き完成車、オーストリアのプフ、その他ミッション付のタイプ等があったと思います。その中でもプフはヨーロッパ・モペッドの典型みたいな車でした。

——当時の設計部門の状況は？

当時のホンダの設計グループとしては、本田宗一郎社長をトップに、河島喜好課長に続いて二輪車体を担当する責任者として私がおりましたけれど、ドリーム号やベンリイ号、ジュノオ号などすでに量産ラインを流れている生産車の改良も続けながら、新車開発も並行して行なっていかなければなりません。当然仕事は多岐にわたり、研究室の人数も増やす必要も生じて、次第に部門別の専任者ができてきました。

車体の設計担当も、フレームといわゆる足廻りに大別されました。特にフロントフォーク周辺は精密部品でもありますし、走行安定のコントロールを支える意味でも精度が求められる部分です。

スーパーカブも開発にあたって、フロント関係、フレーム関係、スイングアームを含めたリア関係という3つのセクションに分かれて開発をすすめました。安藤吉之助さんはフレームを含めて取りまとめ的な立場を担当、中島源雄さんがフロント・サスペンション関係を担当、リア・セクションはブレーキ関係を含めて長谷川太さんが担当しました。ブレーキライニングや、スポーク、リム等も専門のメーカーによるものでしたが、寸法など全てを任せるというわけにはいきませんでした。

これらにエンジンを含めた全体の調整が私の仕事でした。

——車体設計の実務において苦労されたことなどあったと思いますが？

開発の初期段階にプフのフレームを参考にして試作したことがあります。プフのフレーム形式はステップスルータイプで、フレームのヘッド部がアルミ製でした。この方式は現在でもブリジストンの自転車に見ることができますが、当時の新しい生産技術手法として採用したかったのです。

しかし実際に試作モデルを造ってみると、フレームの一部を構成する鋼管とアルミ製ヘッド部の接合強度を充分にするとアルミ部分が肉厚になってしまって、材料および、加工技術の問題で最終的には実現には至りませんでした。

また、フレームを総アルミ製にしたものも試作しましたが、フロントフォーク部とフレームを継ぐ役割をしているフレームヘッドはさまざまな力が集中する、強度や剛性上、重要な部分でしたから、かなりの肉厚になってしまいアルミ鋳物の利点を生かせませんでした。

設計部内ではモナカ構造と呼んでいた車体後部は、合理性と生産性を追求した結果、2枚のプレス板を結合して充分な強度をもたせました。この部分はリアフェンダーの役割をも兼ねていまして、部品点数も最小限でおさえた設計です。

フレームの一部である鋼管を、エアクリーナーとキャブレターをつなぐパイプとして利用することもテストしましたが、これはパイプ内の清掃が困難なので、市販車で

は中止しました。

リアのスイングアーム部は、やはり2枚の
プレス鋼板を合わせ、接合部をガス溶接し
て強度をもたせました。ドイツのNSUなど
では高周波の電流によって接合面を溶かし、
圧着するフラッシュ・バットという溶接技
術もありましたが、精度が求められるうえ、
限られた設備では不適当だったのです。

レーサーの部品をはじめとして、二輪車
ではエンジン部品、車体部品ともアルミ合
金鋳物がよく利用されていましたが、当時
のアルミ合金の材料や鋳造に関する技術
は、日本はヨーロッパに比べてだいぶ立ち
遅れていたように思われます。とくに車体
部品に要求される耐衝撃性の高い金型鋳造
アルミ合金部品にその傾向がめだってお
り、レーサーの開発研究の進展とあわせ、
この頃からこの方面の生産技術のめざまし
い進歩がなされました。

―― あの独特なデザイン等は上からの指示
があったにせよ、どのような経過があった
のでしょうか？

スタイルも、エンジン構造も、こうであ
りたいという本田社長の意向は直接指示さ
れました。造形室には木村讓三郎さんと森
泰助さんという2人の新進気鋭のインダス
トリアル・デザイナーがいました。

当時はドリーム号あたりからクレイモデ
ルを造っておりまして、スーパーカブのデ
ザインは木村さんが担当していました。ス
ーパーカブの場合、ホイールベースが1,200
ミリ程度の二輪車ですから図面も原寸のも
のを描いて、検討していました。それを元
に、原寸通りのクレイモデルを造り、それ
で運転姿勢などの検討を行ないました。

スーパーカブC100のフロントフォーク部と
フロントカバー周辺。極く初期のモデルは、
シリンダーヘッド部のデザインが独特。

スーパーカブC100のリア部。リアのショッ
クアブソーバーが、2枚のプレス鋼板を合わ
せたリアのスイングアーム上部内側に取り
付けられていることに注意。

かなりしっかりとしたスケルトンによる
モデルで試してみると、さまざまな不具合
が見つかり、研究員達が集まってディスカ
ッションしたものです。この時、中心に座
ったのは私達が蔭で"造形係長"と呼んで
いた本田社長でした。

クレイモデルは、スケルトンに粘土を肉
付けして造るのですが、本田社長の考えて
いるデザインとすこしでも違っていると、
気にいらない部分を削っていくわけです。

そのうちに削りすぎて骨組みが出てくる
こともあって「これも削れ！」ということ
で、スケルトン変更を余儀なくされたこと
も度々でした。特にデザインには非常にこ
だわっていました。

その他、エンジンにも、車体構造にも細
かく指示があり、図面から試作段階を経て
量産まで、人数は少ないのにもかかわらず、
開発にかけられる期間は一年程度でしたか
ら忙しい思いをしました。スーパーカブは
そうした試作段階での討議によってさまざ
まな試行が行なわれ、次第にあの形になっ
てきたと考えます。

**── もう一人のモペッド開発の推進者であっ
た藤沢武夫専務はどのような存在でしたか？**

営業面の責任者であり、経営部門を支え
ていた藤沢専務もそれなりの考えはあった
と思われますが、本田社長は強い個性の持
主でしたから、デザイン面でも本田社長に
対して遠慮があったように思います。造形
室に来られてスーパーカブのプロトタイプ
を見られたこともありましたが、私達に直
接何かを指示されるということはありませ
んでした。

──スーパーカブの目標としたものは？

売れる製品、ユーザーの使い勝手の良い
二輪車を目指していました。

この場合、特に既存の車をベースにユー
ザーの用途に合わせた改良を加えるのは比
較的やりやすいのですが、スーパーカブの
場合はそうした手本となるものがありませ
んでした。ただし、50ccクラス(原付第1種)
であるという制約はありましたが……。

**──スーパーカブは多少の雨では乗ってい
る人が汚れない様に考慮されていますね。**

当時、商売に利用できるということは売
れ行きに関係する大きい要素ですから、乗
員が路面からの飛沫で汚れない、配達など
に使いやすい、荷物を積みやすい等々、開
発には重要な狙いであったことは間違いあ
りません。

ヨーロッパ各地では終戦直後からモペッ
ドがありまして、この地域ではペダル付の
自動二輪車は無免許にするという国際条約
がありました。日本では50cc以下は許可制
である代りにペダル付に固執する必要はあ
りませんでした。

このヨーロッパの規制に合わせ、輸出す
ることを考慮して開発したのがリトルホン
ダのシリーズです。このペダル付モデルの
方が、スーパーカブと比較して安く製作す
ることが可能でした。

**──スーパーカブはこれらのモペッドに対
して圧倒的な馬力を誇っていましたね。**

スーパーカブは当初から国内市場へ向け
て開発されました。輸出のことは後の進展
によるものと私は考えていました。要する
に日本の基準に合わせ、欧州のモペッドの
ようなペダルなどの助力なしで、さらに日
本の大衆の足となっていたスクーターなど

ベビーライラック
(1953年・空冷4サイクル単気筒・OHV型88.6cc・最高出力3.2ps /5,500rpm・2速・キック始動・最高速度60km/h・車重76kg・丸正自動車製造) 燃料タンクはヘッドライトと一体型でライラックの特徴であったシャフトドライブを採用。

パンドラTS-1
(1959年・強制空冷2サイクル単気筒・123cc・最高出力6.5ps/ 5,200rpm・自動変速・始動セル・最高速度77km/h・車重120kg・価格128,000円・東昌自動車工業) テールフィンが特徴的なアメリカンタイプのデザインを取り入れたスクーター。

リトルホンダP25
(1966年・空冷4サイクル単気筒・OHC型49cc・最高出力1.2ps/4,200rpm・無段変速・始動ペダル・最高速度30km/h・車重45kg・価格29,800円) リア・ホイールハブ部にエンジンを取り付けた、両手ブレーキ、リア駆動方式のホンダ製初のモペッド。フランス映画にも登場した。

よりも走りを良くすることが、重要なポイントでした。

ホンダがスクーター部門ではジュノオで一時撤退をしていたことも、新規に設計した車体で馬力のある二輪車を造る理由になっていたと思います。

――最大のライバルであったスクーターと比較してスーパーカブのリードした部分は？

当時の日本の道路は舗装率が低いうえに舗装が良くありませんでしたので、路面の泥が多く、スーパーカブではこのような道路事情に適合するように、運転者のための泥よけを必要としていましたし、悪路も走らなければいけませんから、標準的なタイヤ径と充分なサスペンションストロークを与えようということになりました。

また走りを良くするために出力を上げ、トランスミッションは必然という結論になりました。

日本ではポピュラーな存在であったスクーターにも泥よけはありましたが、スクーターはほとんどが、後輪部分を駆動系の一部にしているという構造上、リア・サスペンションのストロークが小さくなり、スーパーカブの方が有利でした。

これが結果的には乗り心地の向上にも影響を与えることになります。

フロント・サスペンションは中島源雄さんによる、しなやかさを求めた巧妙な設計です。

ミッションは3速自動遠心クラッチを採用し、変速はスクーターで採用していたハンドチェンジを避けて足動シフト式としました。

酒屋さん等では配達に50kgほどの荷物を積んで使用されるわけですから、当初から自動クラッチが考えられていました。

このクラッチには、エンジンブレーキが効くことや、押しがけができる構造であることも開発要件にありましたから、エンジン関係で最も苦心したのは、クラッチ廻りの設計だったと思います。

もちろんエンジンの出力特性、耐久性なども充分な配慮はされておりますが、繰り返し試作されたのは自動遠心クラッチなのです。このクラッチ関係は河島喜好氏の指導のもとで専任の秋間明さんが担当していました。

この自動クラッチの特色であるギアシフトと連動したクラッチ断接機構は、結果的にA案からH案までの多くの試案が検討されました。

最終的には、シフトペダルに鋼球を仕込んだ側面カムを設け、シフトペダル前半のストロークによってクラッチリフターを作動させ、残り半分のペダルストロークでギアシフターを動かすという機構が採用されたのです。

――スーパーカブはプラスチック(樹脂)を使用していますが？

あのフロントカバーの構想は初期段階からありました。スーパーカブ以前に開発したジュノオで樹脂の採用をしていたのですが、当時は今のような加工性の良いFRP素材がなく、成型工程に大変な苦労を経験していて、スーパーカブにはもうFRP樹脂を使わずに鋼板でいこうという考えでした。

ちょうどその頃、樹脂素材をダイキャストのように金型に圧送して成型する新しい製法(インジェクション成型)によるサンプ

ルを持って、三菱系のメーカーがハイゼックスという商品名の低圧法ポリエチレン樹脂を売込みにきました。

　まだこのインジェクションによる製品には大きなものはなかったのですが、工夫次第では大きなものもなんとかなるだろうということで、採用を検討することにしました。乳児用のタライなどはすでに製品化されていましたが、これは真空成型という工法であり、樹脂を圧送して造る方法ではありませんでした。

——前例のない成型になるわけですね。

　積水化学の工場が研究所の近くだったということもあり、その話をすすめましたけれども、積水側ではスーパーカブのフロントカバーのような大きな金型は造ったことがないということで、もし金型をホンダで用意してくれるならば造りましょうということになり、今度は大型の金型を製作してくれる会社を探しました。

　そしてこの金型は、有数の金型メーカーである岐阜精機という会社にお願いしたのですが、フロントカバーは大きさばかりでなく形状が複雑なので金型は3つの部分に分けて製作してもらうことでようやくスタートすることができました。ですから、余談になりますが、スーパーカブの初期のフロントカバーではその形跡を見ることができます。

——ポリエチレン樹脂の特徴は？

　このポリエチレン樹脂は軽く、成型しやすく、さびないなどの条件は満たしてくれましたが、あの当時はポリエチレン樹脂による製品の多くは室内使用の製品が主でしたから、道路での使用が主目的のスーパー

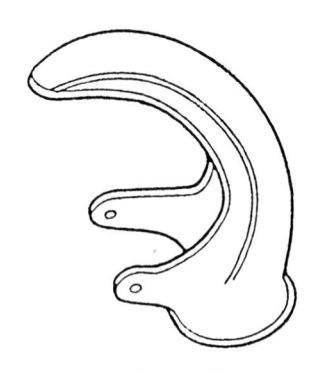

フロントフェンダー

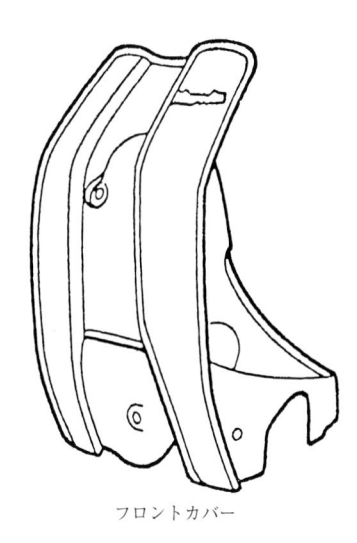

フロントカバー

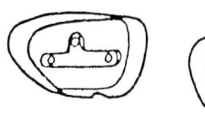 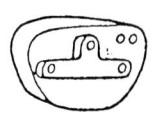

ツールボックス　　　バッテリーボックス

スーパーカブC100用樹脂部品。

カブに採用することは、耐候性などの心配がありました。

特にポリエチレン樹脂部品の経年劣化を試験するには、かなりの時間を必要とします。自動車部品としての前例がないだけに生産を立ち上げてからトラブルが発生すればユーザーの方々や、協力会社にも多大な迷惑がかかりますから、最終的には本田社長に採否の判断を仰いだものです。

ポリエチレン樹脂のメリット、デメリットを説明した後の本田社長の返事は「それでいけ!」ということでした。

しかし、経年劣化ばかりでなく、応力による変形や傷なども心配でした。最終的にはこの画期的な製法による材料は、フロントフェンダーと左右のサイドケース等にも採用し、車体の軽量化に寄与できました。

例えばイタリアのベスパなどのスクーターは鋼板の車体ですが、このためにかなり絶対的な車体重量は重くなっています。もしスーパーカブもこの4点の部品が鋼板製だとしたら、生産コストのことも含めて樹脂化のような成功をおさめることができたかは疑問です。

——この樹脂部分の色調は、特に初期のモデルは車体色と違いますが?

現在はライトカバーなど、鋼板部分の塗装と同色といえるレベルになっていますが、当初からフロントカバー等の色は車体色の塗装と合わせることが目標ではありませんでした。しかし、フロントフェンダーはデザイン上、同色にするつもりでしたが樹脂に練り込ませる染・顔料の問題もあり、当時の技術では色合せは不可能だったので、同色は断念し、逆に故意に色を変え

ていこうという結論になりました。

——車体寸法はどのように進められたのでしょうか?

造形で検討に最も時間を費やしたのは、ステップスルー方式でした。跨ぐといっても実際には、どの試作車もシート前方が高すぎて、特に女性には不向きでした。シートの前部を低くするために、実際には約10度の角度をつけていますが、あの"水平エンジン"が必要となりました。

燃料タンクも初めの頃はフロントカバーに取り付けてみたのですが、やはり乗り降りの際に脚のじゃまになるわけです。ただしキャブレター位置より高くなければ、ガソリンが流れませんから、落差が必要であり、結局はシートの下に移動し、タンクの分だけ着座位置が上がることのないよう設計に苦心しました。

また、幅の細い車体に充分な座面のシートを受ける燃料タンクを固定するには、充分な取付強度を保持させる必要がありました。燃料タンク上部に取り付けたシートは前部にヒンジ、後部にキャッチ機構を備えていましたが、タンクの溶接部分が多いのは好ましくないという考えから、緩衝の目的も含め、シートキャッチを吸盤ゴムとしました。この方式は実用新案でもあります。

——スーパーカブのタイヤサイズは特別であったらしいですが……。

オフロードを含めた、いわゆる不整地走行が充分であるための二輪車のホイール外径は、21インチ以上が望ましいということは、16インチのリムを採用したドリーム号C70系の開発の経験から、だいたい目当がついていました。

スーパーカブのタイヤサイズは2.25を予定していましたから、17インチ・リムならばタイヤの外径は21インチを越えますし、16インチのリムよりもルッキングのバランスもよさそうに思えました。しかし、17インチのタイヤもリムも標準規格にはありません。しかたがないので試作の段階で、既存のタイヤやリムを分割して切り継いでスーパーカブの最適なタイヤサイズを模索していきました。

本田社長も自らテストされ、「これでは高すぎる」とか「低すぎる」などと評価され、17インチというタイヤサイズが決められたのです。

工学的な考察からではなく、あくまで実践型のテストの結論といえるでしょう。

このタイヤでも別の問題が発生しました。ようやく決まったタイヤサイズですが、今度は17インチのタイヤやリムを、専門のメーカーがなかなか了解してくれなくて困りました。

スーパーカブ一機種の為に専用のタイヤは用意できないというのが主な理由でした。当時、タイヤやリムのメーカーではスーパーカブが、現在に至るまで何千万台も造り続けられるとは思いもよらなかったのでしょう。

—— 車体関係も試行錯誤の末にまとまり、エンジンも使い勝手の良いものができ、モペッドやスクーターを超える特性をもつ二輪車、スーパーカブができてきた……。

試作段階も終了し、昭和32年(1957年)暮にモックアップが完成しまして、私達の苦心の結晶であるスーパーカブを見られた藤沢専務からは「これはいける！月産3万台

は売れるぞ！」という言葉をいただきました。その頃の最量産製品として売れていたドリーム号でさえ月産2,500台程度ですから、10倍以上にも匹敵する3万台というのは直ぐには信じられませんでした。しかし、昭和33年(1958年)の春頃から埼玉工場でスーパーカブの生産準備が始まり、同年8月にスーパーカブが発売されると、かなりのバックオーダーをかかえまして、別の量産工場が急遽必要となり、三重県に鈴鹿工場がスーパーカブの為に建設され、藤沢専務が言われていた以上の月産5万台が現実のものとなりました。

—— スーパーカブのシリーズはバリエーションも多種類ありました。

ホンダは、昭和34年(1959年)にアメリカへ進出しましたけれども、当時の市場はハーレー、トライアンフ、サンビーム、ノートンが主流でありまして、対するスーパーカブはあまりにも小さく、最初の頃は売れませんでしたし、国土の広いアメリカではエンジンは予想以上に酷使されてトラブルもあったようです。しかし、アメリカホンダの懸命な販促活動、とりわけ話題になった"YOU MEET THE NICEST PEOPLE ON A HONDA"キャンペーンによって販売は着実な伸びを示すようになりました。

その後、アメリカ視察から帰国された藤沢専務ご自身から、現地における軽量二輪車市場のバリエーションをさらに拡げたい、という指示がありまして、私達はスーパーカブをベースとした派生モデルの開発にとりかかりました。

アメリカでは道路事情や使い勝手の違いからフロントカバーは不要であるという話

を開き、バイパスバーを渡して、タンクを前部に移動してスポーティーにしたり、フロントカバーをはずしたほか、リアホイールに2枚のエキストラ・スプロケットを装備するなどの改造を加えたハンターカブ（CT200）などを造ったりしたのが、スーパーカブのバリエーション化のきっかけになりました。

スポーツカブ（C110）も同様の考え方から誕生したのです。これらの派生モデルには拡張したキャリア等、専用オプションを数多く設定したりして、アメリカでも次第に受け入れられる様になりました。

この頃になると、レース活動がいっそう活発になったり、中村良夫氏が入社して四輪車の開発をスタートさせたりと、本田宗一郎社長が抱いていた夢を拡大していこうという機運になってきて、組織もさらに拡大されました。

二輪車の部門の最高責任者であった河島喜好氏も、マン島TTレースなどのレース活動に忙しくなり、私はエンジンと車体を含めた二輪設計の総括的な担当に変わりました。ドリーム号のスポーツ・バージョンとなったCB72あたりの頃だったと記憶しています。

—— 原田さんの仕事は二輪車全体の担当へと変更されたわけですね。

昭和35年（1960年）に私は走行試験の研究員と共にCB77のテストのためアメリカに行きました。視るもの聞くものが総て初めてという中で、とくにモーターサイクルパークが充実していることを知り、同行の研究員が藤沢専務にその状況を報告しました。そして、鈴鹿サーキット等に併設された遊戯施設などに同様な発想が生かされていきました。

藤沢専務の構想により進められたモーターサイクルパークは、鈴鹿サーキット、生駒テック、多摩テック、朝霞テック（現・朝霞研究所）の4カ所がありまして、これらの施設で利用ができる二輪車とそのエンジンを流用した乗り物の開発を指示されました。ただでさえ製品の開発が多忙であったのですが、ホンダという会社はそうした命令を無視するなどということはできませんから（笑）、スーパーカブのエンジンを流用してもっと小さいもの造ろうとか、走るイスを造ろうとか、スケーターのようなものを造ろうなどという風に、ブレーンストーミングによる集会で、様々な乗り物が提案されました。

これらの開発にあたり、正規の製品の開発記号と区別するために試作記号はZを付けることとしました。そして　Z1、Z2とタイプ別にわけてZ11まで造ったように思います。そのZ系の中で現在まで生き延びているのがモンキーです。

—— モンキーは昭和42年（1967年）に国内販売以来、ロングセラーになっています。

モンキーはそのベースとなった遊園地仕様を目にしたフランスホンダのメンバーがサンプルに何台か持ち帰ったところ、評判が良いのでヨーロッパで販売してみようということになり、輸出用にモンキー（CZ100）を造ることになりました。

これらのモンキーは子供へのプレゼントや、サーキット内での移動用に使用されたようです。

ホンダ50　CA100

（1962年・空冷4サイクル単気
筒・OHV型49cc・最高出力
4.3ps/9,500rpm・3速・始動キッ
ク・車重[乾燥] 55kg）。国内向
けモデルC100をベースとした
輸出向けモデル。アメリカで
大ヒットとなった国際車カブ
・シリーズを代表する車
（写真は1966年型）。

ホンダハンターカブCT200

（1964年・空冷4サイクル単気
筒・OHV型86.7cc・最高出力
6.5ps/8,000rpm・4速・始動キッ
ク・車重[乾燥] 82kg）オフロー
ド向けに大型キャリア、エン
ジンガード、ブロックタイヤ
等を標準装備。広大な牧場や
荒れ地での使用を考慮して、
低速用と高速用に2つの大き
さのリアスプロケットを選ぶ
ことが可能であった。

ホンダモンキーCZ100

（1961年・空冷4サイクル単気
筒・OHV型49cc・最高出力
4.3ps/9,500rpm・3速・始動キッ
ク・輸出向けモデル）多摩テッ
ク用に造られたZ100をベース
に、スーパーカブC100のOHV
型エンジン、スポーツカブ
C111のタンクとシートを流用
して開発された初の輸出用モ
ンキー。

そして国内向けとしても認定を取得して発売したのが、モンキーZ50Mモデルです。

ただし、モンキーでは実用にはあまりにも小さすぎるという声もあったので、ST50Z、いわゆるダックスへと発展しました。したがって初期のダックスはモンキーと構成する部品は数多く共用されています。シャリイ(CF50)も女性向けにと考えて開発しました。

同時に汎用機設計でも、3輪車のバギータイプを開発してATCシリーズをとなりました。ATCは試作当初から、雪上での使用も考慮されて設計されています。ただ発売当初は販売の方は低迷していまして(笑)。しかし、ある時からアメリカで急に人気がでてきまして、レースまで催される様になり驚いた次第です。

── このスーパーカブをベースとした派生モデルが登場している間、エンジンはOHVからOHCへと変更されていますが？

スーパーカブが登場して、販売が拡大し続けている実用車の市場にヤマハは"ヤマハモペット"や"ヤマハメイト"、スズキは"スズキセルペット"等を投入して、スーパーカブに対抗する機種がライバルメーカーから開発されてきたので、2社の主力であった2サイクルエンジンに対して、スーパーカブをさらにリフレッシュしようとしたことが、エンジンをOHC化した最大の理由と考えています。

昭和33年(1958年)に発売したベンリイC90型は、国産初のOHC・2気筒の124ccエンジンを搭載していまして、このエンジンをベースにして単気筒化したスーパーカブC65を造り、昭和40年(1965年)に発売したのですが、このC65のエンジンを49ccへと手を加えたのが、スーパーカブC50用OHCエンジン誕生のきっかけです。

昭和41年(1966年)のモデルからOHC化したスーパーカブC50がデビューしましたが、音も静かになりました。

これらの派生モデルも主に鈴鹿工場で製造しました。この鈴鹿工場では最盛時には、スーパーカブを含め月産20万台を記録したこともあるそうです。

時代もそうした二輪車を求めていたという背景もありましたが、スーパーカブの成功により、世界市場を相手に多種多様な使用目的に応じたモデルを開発する機会にめぐまれて、開発担当者としては全くラッキーだったと思っています。

スーパーカブのシリーズは、二輪車に乗ることによってひろがる新しい生活スタイルを提案し続けてきました。またそれらの現在も生産されている、さまざまなタイプの製品の原点が、30年以上も前に私達が開発したスーパーカブC100であることを、いささか誇りに思っています。

そして、このスーパーカブをはじめとしたさまざまなモデル群は今後も日本はもちろん世界の道を走り続けることでしょう。

（インタビュー　三樹書房編集部・1994年）

スーパーカブ号の生産にあたって

社長　本田　宗一郎

世界中に今、流行になっているこの種の車はフランスでは320万台で、テレビの4倍（33年2月調べ）の普及をしていると云われています。

その殆んどが2サイクルエンジンを搭載しています。日本もその例外ではありません。

「エンジン」

4サイクル採用に就いて……50ccを4サイクルにすることは、生産技術の上で超小型であるだけに困難でありますので多くのメーカーは避けて生産しないのであります。

もし、効果がその困難に逆比例してあるのでなければ、わざわざその困難に向うことは意義のないことと云わなければなりません。

で、その効果は？

4.5馬力……これは、50cc実用車としては、世界最高であります。

なぜ馬力は必要か？

乗車する人の身長と体重は減らすことが出来ず、従って積載、登坂、速度には自ずから性能の最低限界点があります。

その意味ではこれ丈の馬力があることは、すべてを満足させる要因であります。
小さいエンジン程、高出力が大切です。

燃料費の少ないことは2サイクルと比べ最も経済的です。

音……静かでリズミカルな回転音、これは世界のどれと較べても最も誇りとします。神経の疲労は騒音の影響からと思っています。

「姿と機構」

スタイル……スッキリと垢抜けしたデザイン、とすることに最も苦心を払いました。

このスタイルなら、世界中のオートバイ、スクーターにもない持味だと申上げられます。

自転車にエンジンを付けるところから生れた感覚ではなく、これは、このために誕生したものです。

装備……フラッシャー、クラクソン、バッテリー、バックミラーは車体と一体の姿でついて居ります。ペタルはついていません。

クッション装置は充分にしてありますから平坦場は勿論、凸凹道のハンドルさばきもお楽です。

お店に、お玄関に、この車はご婦人でも手軽に御出し入れがなされる位の軽量にまとめられました。

片手運転……この車は右手と足だけで運転操作が出来る機構になっています。

従って、左手はいつの場合にも、運転に拘束される必要もなく自由です。

自動クラッチは前進三段です。

「価格」

以上の要素に、価格は自転車2台分位か、テレビ1台分位というお客様のご要望を満たすためには色々困難な問題があります。

簡単な一つの例ですが、エンジンの馬力を上げますと、車体は頑丈になり重量は増加し、ひいてはコストの上昇ということが、一般的に考えられていました。

然しそれを解決し、お客様に御満足を頂くことが、私達技術者の責任であります。

幸いに、この度のスーパーカブ号はその意味合いから申しましても、私として、最も快心の作品であり、ここに生産開始することの喜びをひとしお感じて居ります。

昭和33年7月

（1958年の新聞掲載記事より転載）

スーパー・カブ誕生にあたって

専務　藤沢　武夫

一昨年の暮、社長とヨーロッパに行った時、2日間の飛行機上での話題は「このつぎに、何を出すべきか」ということであった。

社長はスクーター説、私はモーペット説であった。

社長はモーペット生産については全然承認しないので、私は色々の点からこれを先きに市場にだしてほしい旨を力説した。

私は「作るべきだ、作るべきだ」とは言うものの、実際にどんなものをつくるかについては、全然わからないし考えもつかないが —— 実際はそうであってはいけないことだろうが —— ともかく私は強引に言張りつづけた。

社長としては、スクーターについては、ジュノオの生産中止以来必ずいつか角度をかえて出直したいと3年もの間、年中思い通していたし、その時分には既にスタイルの腹案も、又頭の中では廻っているエンジンの設計まで纏っていた時でもあったので、私の申出のモーペットは後廻しにしたかったらしい。

否定するもう一つの理由は、社長は元来自分の頭の中にウッスリとスタイルとかエンジンなりが浮びあがり、そして納得したものがないうちは、中々ウンとは云わない性質の人だからでもあったろうと思うのである。

ところが、2日目の終り頃にになったら、社長はそのことについて返事をしなくなった。返事をしなくなれば、まず私の思惑どおりに事が進んだことを意味するのである。それは既にどういう構造ならば？　と考えはじめる証拠なのだ。

そして、ドイツに着いた翌日、二人でハンブルグの町々のオートバイ店や自転車店を見て廻った。

寒い日でウィンドーのガラスが室内の温度で曇って見えなかったのを今でも思いだす。

社長はいろんな種類のモーペットを見ながら、「専務これはどうだ」「これをどう思う？」と執拗に見入っていた。そして最後には二人とも顔を見合わせて首を横にふるのだった。

当時のドイツは、NSUだけで月に2万台も生産するほど、この種の車は全盛ではあったが、どの車を見ても、こんなものを生産してほしいと言いだせるような車は一つも発見できなかった。

その時、社長はこんなことを言っていた。

『50ccという小型エンジンで出力馬力が小さいということが、一切のスタイルを制約しているんだ。とすれば、天馬空をゆくものでないかぎり、おのずから限界はあるだろうから無理もないことには違いないがね。

それにしても、この車体はヨーロッパの良い道路でのことであって到底日本には適しないね。

まして日本で気持よく操縦できる車とするには、このくらいの馬力ではまだまだ不足だから必要最小限の馬力をだすとなると、どうしても4サイクルを作らんとならんな』

あれから、C-70、農発……とつねに創造の世界に入って、研究所の人達と頑張り、ここにようやく実を結んだ世界最高の車"スーパー・カブ"が誕生したのである。

思えばわずか数年前、同じ50ccのカブが1.3馬力出たと喜んだものであったが、今度誕生したスーパー・カブ号は4.5馬力以上確実に出ると聞くにつけ、当社の歩みの早さに驚くのである。そしてこれは又、会社全従業員の力によって生れたものである。

ホンダの生産機種に新しく加った、このスーパー・カブは必ずや輿論を喚起して更に新しい需要を生むことを信じている。

（1958年7月発表の社内資料より転載）

スーパーカブのデザイン

木村　讓三郎

1. はじめに

　ホンダは平成10年('98年)9月に創立50周年を迎えようとしている。スーパーカブは、その時には生産継続40年を記録する。平成8年('96年)8月には生産累計が2,500万台を突破した。現在世界15カ国で生産され、日本で販売されている100ccクラスのスーパーカブはタイホンダ製であるなどグローバルな供給の相互補完も行なわれている。

　昭和41年('66年)エンジンを発売当初のOHVからOHCへ切り換えた時のキャンペーンで《ニューモデル・世界のカブ》というキャッチフレーズを打ち出したが、今や実際に世界中で使われるようになって来た。朝日新聞の「世界のひととき」欄では、『ベトナムの商都ホーチミン市で、バイクは庶民の足としてすっかり定着した。』との書き出しで、母親らしき人が子供を前に1人、後ろに3人、合わせて5人乗りという日本では考えられないめずらしい写真とともに、保有のデータなども入れ詳しく紹介していた。これによればバイクはベトナム全土ですでに360万台にのぼるという。

　スーパーカブ(以下S.カブ)は世界でロングセラーを続けているが、しばらく前からこの記事のように開発途上国での普及が大きくなってきた。

　私がまだ現役だった昭和58年('83)に、東南アジアを視察した事があった。当時二輪車の普及は台湾やタイでは相当に進み、例えば台湾の保有台数は500万台を超え、普及率は4人に1台という高い数字を示していた。しかしマレーシアやインドネシアでの保有台数は、まだ200万台以下で本格的な普及はこれからという感じであった。開発途上国に共通することはいずれも公共交通機関が乏しく、交通手段として四輪車を所有出来る層は限られており、経済力のついた人々は、二輪車を手に入れ交通

この時にはヘッドライト下のトップエンブレムに金を施し、10,000,000の数字を入れた特別仕様車を作った。

手段にするのが普通であった。

　その中で、S.カブは、扱い易さ、燃費を含めた経済性や耐久性が注目され最も人気の高い車種である。この傾向は他の途上国でもほぼ同様である。

　S.カブの生産累計推移表によると年間別の生産増加数は、平成2年までは50〜60万台であるが、以降は100万台を超える数量になっている。これは開発途上国の需要増加を示すものと考えられる。だとすればS.カブのロングセラーは、開発途上国の大きな潜在需要を背景にいよいよこれからが本番であろう。

　そこで、このS.カブの開発に携わった一員として当時の状況を回想しながら、今日の世界的な普及や生産の増加は何によるものなのか、またこの小さな二輪車に企業を挙げて取り組んだ、当時のホンダの姿を、私なりの記録として改めて整理し記述をしてみたい。

2. モーターサイクルの特徴とS.カブ

　S.カブは初代C100、二代目C50などのシリーズと、スポーツカブやダックス等のバリエーションが今日まで数多く開発された。

　これら多くの機種の中で、現在まで販売量が多く継続生産されているのは、S.カブと実用オートバイタイプのCD50である。両モデルのタイヤは共に2.25-17というサイズである。二輪車ではタイヤサイズとホイールベースが定まると必然的に大きさが決まり、またエンジンサイズによって重量もほぼ導き出される。したがって、S.カブの車としての大きさとタイヤサイズがどういう意味を持っており、どうして決められたかということが重要なのである。

　人間は走りながら曲がろうとする時、体を内側へ傾けていく。乗り物で同様の動作をするのは飛行機と二輪車であり、他には小型のモーターボートなど(力学的には表現不足であるが判り易い言葉として)がある。

　このことが二輪車を運転する時に、人と車の一体感を感じさせ、かつ運転制御を高度なものにする要素となっている。

　二輪車の回転半径を測定するには定常円旋回といって、二輪車を垂直にしてハンドルを一杯に切り、円を画いて動いた円弧の大きさを測定して表示するが、半径にして

用語について
- ・モペッド：ペダル付、ペダル始動
- ・モキック：ペダルなし、キックアーム始動
- ・スクーター：フロアー式で足を揃えた乗車姿勢。小径車輪が多い
- ・モーターサイクル：スクーターと対比した用語。跨ぎ姿勢
- ・オートバイ：モーターサイクルと同意語
- ・二輪車：日本語の上記の総称

およそ2m前後である。ところが人が乗って旋回する場合、その人の技量によって違いはあるが、定常円旋回の値より小さいのが普通である。ところが訓練によって高度な技量を備えた人では、半径1m前後で旋回することが出来る。

この他砂利道や岩場でも適切なエンジンパワーを巧みに使えば、走破することが可能である。更にジャンプ能力や急旋回、急発進、急制動の動作を路面状況に応じて使えば、非常に高いレベルの機動性が発揮出来る。こうした走行機能は四輪車では成し得ないし、スクーターやモペッドは不向きで、エンジンパワーがあり、適切なタイヤサイズを有するモーターサイクルのみが可能である。近年のモーターサイクルは、その特徴を高度に発達分化してモトクロッサーやトライアラーを生み出している。

このモーターサイクルの機動性を実用面で活用しているのが大型車では白バイであり、日本では機動隊の名称で交通警察のエースとなっている。モーターサイクルの歴史が長いヨーロッパでは、第一次大戦、第二次大戦を通じて軍用にも数多く使われてきた。

昭和32年に開発されたドリーム号C70のタイヤは、前モデルよりは外径で2インチ程小さくなり、3.25-16すなわち外径で22.5インチに設定された。研究部門では機動性や走破性を満足する最小サイズは21インチであるとしたノウハウをすでに把握していた。したがってS.カブはタイヤをコスト面

巧みな技で急旋回するCB400T。

パワーで砂利道脱出、CB400T。

からも2.25で想定していたので、リムサイズは17インチを採用することになった。これは業界の規格外でもあった。

そして、このS.カブがデビューした頃から二輪車のタイヤサイズが変わってきたことも事実である。もともと日本のスクーターは戦前に航空機メーカーであった会社が軍用機の尾輪を活用することから始まったもので、ほとんどの車種は小さな8インチリムを使用していた。また他の50ccクラスの多くはリム径が18インチから20インチであり、中には15インチを使用している車種もあった。それがS.カブのタイヤ・リムサイ

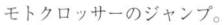
モトクロッサーのジャンプ。

トライアラーの岩場走破。

ズである2.25-17をそっくり使用する車種が次第に増え、現在ではカブのようなステップ・スルータイプでは各社このタイヤサイズを使用し、全体的な大きさもほぼ同じようになっている。

　S.カブは、二輪車の原理的な運動特性である走破性や機動性について、一般社会の実用領域で最低限の機能を保ちながら、取り廻しや使い勝手の面で女性も含む多くの人々が容易に使えるという、車両の大きさとタイヤサイズになっているが、これが他車にも影響を与えたと考えられる。

　昭和44年(1969年)発売のCB750Fourは、世界に白バイ採用を広めたモーターサイクルの機能の象徴ともいえる車種であった。それと大衆への普及を意図したS.カブのサイズを比べてみるとその意味がよく理解戴けよう。

警察庁機動隊に採用された
CB750P。

インドネシアの独立記念日にパレードする陸軍警察隊の
CB650P。

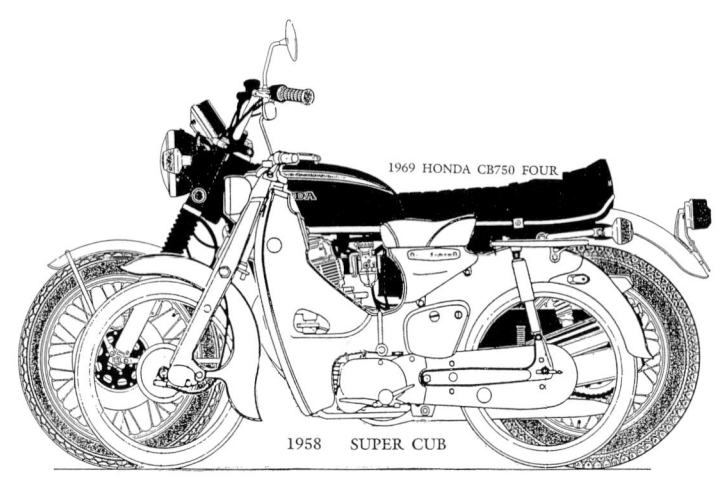

1969 HONDA CB750 FOUR

1958　SUPER CUB

	スーパーカブ	CB750
タイヤサイズ	F 2.25-17 インチ	F 3.25-19 インチ
	R 2.25-17 インチ	R 4.00-18 インチ
ホイールベース	1,180 mm	1,455 mm
重量	65 kg	218 kg (乾)

サイズは小さいがこんな大きな人も乗っている(カナダ漁業組合の連絡車C100) 車輪に雪がついているが、スクーター等の小径タイヤ車は雪道は全く不向き。

3. 開発経過とデザイン

　車体の設計と当時の組織や担当については原田さんが述べておいでで、エンジンは次章に詳しく記されているので、私は自分自身が担当したデザインを主体に記述する。

(1)　開発の進行

　本田社長と藤沢専務が欧州から帰られた後、昭和32年('57年)1月に機密保持のため⒨計画の呼称のもとに、まずエンジン設計がスタートした。車体設計は、同年9月に発売

予定の新型ドリーム号C70の出図終盤と重なりながらも、3月頃に遅れてスタートした。デザインは私が正式入社した4月からであった。

　余談だが、前年私が採用通知を受けると間もなく呼び出しがあり、「年末は休みが多いだろうから出社しなさい。」と言われ、結局12月1日付で入社させられた。これは会社にとっては、開発準備の一つであり、私には見習い期間の様なものだった。設計室では、私には理解出来なかった本田社長による『手の内に』とか『使い勝手のよいものにせよ！』が始まっていた。4月に出社するとエンジンのおおよその形をした木型が出来ていた。

(2)　当時のホンダの事情

開発当時、昭和32年、ホンダはまだ小さく、資本金3.6億、従業員2,400名、工場は浜松と和光にあり、営業と本社機能は八重洲であった。開発は白子で設計、研究、試作と資材及び総務からなる200人程の世帯であった。

　昭和29年('54年)はホンダにとって最悪の時期であったという。まだ入社していなかった私などにはその実感は解らないが、その時の"苦難との闘い"が全社を挙げた協力態勢を作りあげたのではないかと思う。S.カブ開発期間を通じて担当していた方々や協力してくれた人々の行動からそれが強く感じられた。

　この創業以来の難局に直面した翌年には、SA、SBドリームや125ccのJCが好評で危機は徐々に回復に向かい、同年の末には生産量で業界のトップに立つまでに勢いを盛り返し、経営状態もかなり好転していた。更にドリーム号のフルモデルチェンジを行なうべく、新型2気筒エンジンで車体は"神社仏閣"スタイルC70の開発メドがついたところであった。したがってあとは手つかずのままになっている50ccクラスをどうするか、後発組に食われたF型カブのあとをどう埋めるかが課題であった。一般従業員からみても次の50ccはどんな内容で、いつ頃出て来るのか強い関心と期待を寄せていたに違いない。

　苦難があって結束し、回復に拍車がかかり、まさに「得手に帆あげて」の時期であったようだ。それ故に、後の生産開始や専用工場の建設、アメリカへの進出等ではすさまじい行動力が示された。また私が接した開発当事者以外の試作や和光製作所の方々も、非常に積極的な協力をしてくれた。

(3)　日本の時代背景

　昭和30年('55年)頃にはじまった神武景気を裏付けるように、世間一般では購買力は高まり家電の電気洗濯機、掃除機、冷蔵庫が普及し、昭和32年には五千円札、翌年には一万円札が発行されるまでになっていた。国鉄では、特急こだまを東京大阪間に開通させ、世の中は増々スピード時代の様相を呈していた。二輪車にしても、スクーターはより豪華になりモーターサイクルはホンダやスズキの2気筒が主流になっていた。50ccクラスではもはや、自転車にエンジンを搭載した時代は終わり、姿を消しつつあった。

(4) 開発の構想

　社報No.55号(昭和33年7月1日号)の第1頁には、『S.カブ誕生にあたって』と題する専務藤沢武夫の記事が掲載されている。本田社長と藤沢専務のお二人が昭和31年('56年)12月欧州旅行の機上で「このつぎに何を出すべきか」議論をしたことに始まって、ハンブルグの二輪車店を見ながらの話題であった。

　昭和61年('86年)11月発行『経営に終わりはない』藤沢武夫著の一部にS.カブの事が書かれているが、上記と同じ欧州旅行の機上で、「カブ号のように自転車に取り付けるようなものじゃ、もうだめだ。……50ccだ。底辺の広い、小さな商品をつくってくれ。底辺の広がりができないかぎり、うちの将来はないよ。」とあり、ホンダの設計陣は、「このマーケットの底辺を構成する50ccクラスの小型バイク市場のニーズの変遷は、A型やF型などの販売経験を通じて良く熟知しており、……まず既存の内外の製品仕様をことごとく否定することから始められ、需要はメーカーが創り出すもの、という信念に基づいて型破りの発想によるS.カブC100の開発が始められた。」との記述が残されている。

　当時はどの企業でも開発や試作の手順は、システマチカルなものではなかった様で、コンセプトなどという用語すら聞かれなかった。S.カブ開発においても同様であったが、その内容は非常に高レベルであり、常識を超えたものであり、かつ大きな施策に通ずるものであった。その様子をデザイン業務の進行と共にいくつか触れてみたい。

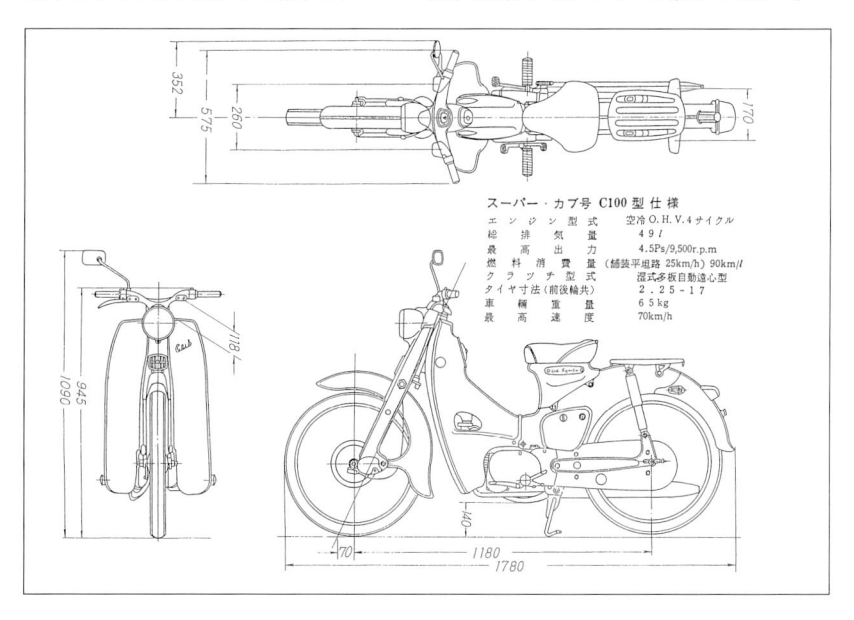

スーパー・カブ号 C100 型 仕 様

エ ン ジ ン 型 式	空冷 O.H.V.4サイクル
総 排 気 量	4 9 1
最 高 出 力	4.5Ps/9,500r.p.m
燃 料 消 費 量	(舗装平坦路 25km/h) 90km/l
ク ラ ッ チ 型 式	湿式多板自動遠心型
タイヤ寸法 (前後輪共)	2.25-17
車 輛 重 量	6 5 kg
最 高 速 度	70km/h

① 『手の内に入るものを作れ』

　これは本田社長が開発初期に言われた言葉である。私は初めその意味がよく判らなかった。この言葉の意味は先にも述べた「二輪車の原理にも等しい特徴を、大衆の使えるサイズに適合させる」という非常に大きな深い意味があるとは後で知った訳である。

　モーターサイクルとして大衆の最も使い易いサイズすなわち、タイヤ寸法は2.25-17インチであり、ホイールベースは2,000mm前後というこの数値を無視してまったくの白紙から検討していたならば、あるいはS.カブはもっと違ったもので、ロングセラー車にはならなかったのではなかろうか。

　このときすでにダイキャストによる総アルミフレームのオートバイスタイルの試作車が出来ていて作業室（造形室の名称）に置いてあったが、フロントフォークやリヤのショックアブソーバーが長く、シートも高く、リムサイズは18インチであったと記憶している。

　おそらく本田社長はこの「手の内に入るもの」という言葉を直感でおっしゃっていたであろうが、大変重要な直感であった。車体設計上もデザイン上もまず最初に大枠が定まっていたということが出来る。私はこのあと小さな発電機や小型の耕耘機でも本田社長と一緒に仕事をしているが、そこでは「手の内に入るもの」は一度も聞いたことはない。

② 『使い勝手のいいものにせよ』

　この言葉もよく言われた。その最も特徴的なものは、自動遠心クラッチである。早くからエンジン設計者達の席でよく議論をしながら検討していた様で、デザインを始める頃には大体の構想はまとまっており、クランクケースに納められていた。

　エンジンはクランクケースからシリンダーの先まで400mmを超え幅は240mm、クランクケースだけでも長さが270mmもあった。その上シリンダーにはごついダウンドラフト型のキャブレターが乗り、エンジン性能やクラッチの商品性は素晴らしくなりそうだが、デザインをまとめる上では大きすぎてどう車体に納めるかが大変な難題であった。なんでこんなに大きいのか設計者に聞きに行ったところ答えは「今に125cc並みの馬力を出すんだから125cc並みに考えてくれ」で了解せざるを得なかった。

　実際これが4.5psをはじき出すのだが、ホンダではこの頃すでにレースへの活動が活発で、所内では100ps／ℓ はさ程困難とは見ていなかった様。建物は粗末で人数も少いが、思考のレベルは非常に高いものがあった。これもレースというものが持つ不思議な魔力ではなかろうか。

(5)　デザインの推進

　設計室に隣接して8m×8m位の部屋があり、これが“造形室”の看板を掲げたデザインの作業場であった。

① デザインの普遍性

　自動遠心クラッチもデザイン上は、悩みの種で機構が内蔵されたケースの右側は、円が二重で不骨な形に張り出してしまった。社長は造形室でも人が集まると『手の内に』と『使い勝手の良いものにせよ！』と言いながら岡持のゼスチュアーよろしく左手を空けることを力説していた。デザインには余り関係がないので作業をしながら聞き流す程度であったが、何度も聞いているうちに、馬力といい、このクラッチといい、何か特別なものが出来るのだという実感が伝わって来た。車体では、50ccでは贅沢なダンパー付きクッションやアルミダイキャストのホイールハブ、フルチェーンケース等々、数々の充実した機能が具体的になるにつれて、この車の特色が相当大きなものである事を認識した。

　初めかなり先鋭的なデザインを考えていたが、こういった性能や装備の大きな特色あるところで専務の言う『底辺の拡がり』、社長の岡持のゼスチュアーから大衆層が受け入れてくれるデザイン、具体的にはソバ屋のおやじさんや出前のお兄さん達がこの車をどう見るかと考える様になった。その結論は“普遍性”だった。当時自動車は、ギラギラしたグリルや大袈裟なテールフィンをもった派手なアメ車が横行していた。したがって、作意的な形や模様は用いずに、機能に忠実な、自然な形を頭から末端まで一貫させる事にした。

② 色の選定と配色

　ずっと後になって決めたS.カブの色彩関係は、この時すでに最もポピュラーなブルー系にする様考えていた。配色も余り苦労せず下図右の様に決めていた。

　ところが、ポリエチレン樹脂の採用で、フロントフェンダーも対象となり、色合わせの困難性から、車体色が出来ず量産立ち上がりのしばらくは下図左の配色となった。しかし、2年後には鈴鹿製作所の研究成果から、当初の案が実現出来た。

③ 実物大の粘土モデルでデザイン検討

　スケルトンといって、厚手の鉄板を切り抜き、フロントフォークやフレームの芯にして、タイヤを取付け、大きな木型のエンジンを固定し、粘土を張り付けて形づくってゆく。

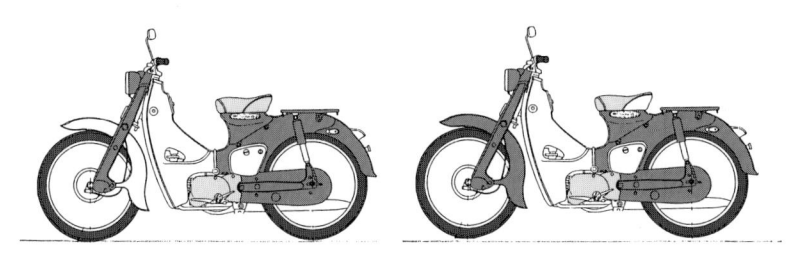

初期暫定配色　　　　　　　　　　　　標準配色

全体サイズが『手の内』で決まっていた事が、すぐにフェンダーやフォークを形づくる作業に入ることを可能とし、仕事を早くした大きい要因であった。最初に設計レイアウトをした人にも大きな安心料であったに違いない。車の性格だけでなく仕事の進め方まで良くした要素であった。

　フレームの前半部がパイプに変更されたことにより、キャブレター上部に空間が出来、シリンダーを10°上向きにすることが可能になった。この事はシリンダーのオイル潤滑を良くするのに大変役立ったが、実物での検討にはこうした重要なことを、早く発見出来たというメリットがあった。

　『使い勝手を良く』の一つに、股ぎの空間(デザイン担当の私達はステップスルーという言葉を使っていたが次第に所内でも通用する様になった。)部分は社長が特に熱心で、粘土を大きく削り込み鉄板部分をガス溶接機で切断修正することが何度もあった。その結果がパイプ併用へと発展し、フレームの頑丈さを増大させた。

　パイプ構造のオートバイを"線の構成"というならば、S.カブはプレスや樹脂による"面の構成"を形の基本にした。ヘッドライトに向かってフロントフォークのホーンを置く面、フロントカバーの左右に張り出す屈折面、シートからキャリヤに伸びる水平面等が集まって調和を保つ様にした。

　峰を形づくるフロントフェンダー、フロントカバー、リヤフェンダーの背中は前から後ろまで一貫した丸みのある断面にした。

④ フロントフォークとハンドル廻り

　フロントフォークは躯幹部品であるだけに早くからまとまっていた。しかしその上に置かれるヘッドライトやハンドル、スピードメーター等は一体化してシンプルにまとめたかったが、小さい車でそれぞれに寸法の余裕がなく行詰っていた。かなり時間が経ってから上司からハンドルを固定するトップブリッジをボックス化する提案があり、これによって救われた。メーターのメカ部分はこのボックスの中へ落とし込み、ヘッドライトもその前にセットし、ホーンも含めてハンドルまでの面が繋がる一体化したデザインが出来上った。多くのディスカッションの上、共同作業でまとまった事例である。

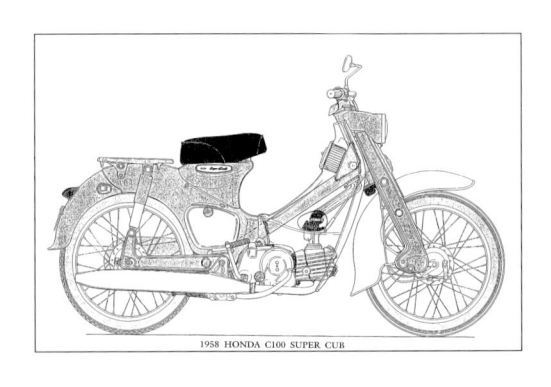

1958 HONDA C100 SUPER CUB

⑤ フロントカバー

　大きなエンジンを隠し冷却を良くすることを狙い、飛行機エンジンのカバーの様な筒状の部分と、ボードを立てた泥よけ部分の2ピースを考えていたが、ポリエチレン樹脂の採用が決まってから無理矢理ワンピースにしたのだった。本田社長も一緒になって左右巾をそれぞれ20mmほど削り込むなど率先して粘土いじりをされた。ここにもコンパクトにする『手の内』が表われていた。フォークに接する部分は成型条件も重なって、丸みの大きい締りのない形になってしまった。

　射出成型の試作段階で、湯が流れず(注：樹脂がうまくすみずみまで流れないという意味)末端の欠けた物や歪（ひずみ）が大きく使いものにならない物がメーカーの庭に山と積まれ、本当に出来るかどうか大変心配だった。実際このために、生産開始予定の5月が2カ月遅れてしまった。

⑥ タンク

　タンクはスクーターではシート下が普通で、これを意識的に避けるため、S.カブでは初めフロントカバーの背中に置いていた。しかし、振動や転倒時の破損の恐れから、もう一度シート下を検討した。フレームの面との繋がりと体重を支える強度のため、鋼板を合わせ溶接する構造にした。容量が絞りの限界で3ℓしかとれなかったが、燃費90km／ℓという効率の良いエンジンのお陰で不足ではなかった。

　タンクを移動させた跡に空気取入口を設け、フレーム側にエアクリーナーを置いた。設計者が思いもよらなかったアイディアは本田社長の独断場だった。大勢の設計者が覗（のぞ）き込む中で、床にチョークで図解する姿は、間髪を入れぬ即行動の現われで、後には四輪で4〜5mにも及ぶ図解をして、よくよくの語り草になった。

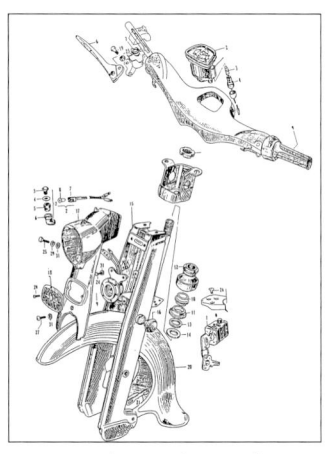

フロントフォーク・ハンドル

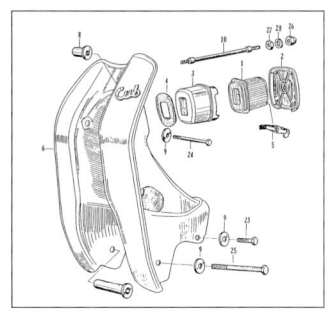

フロントカバー・エアクリーナー

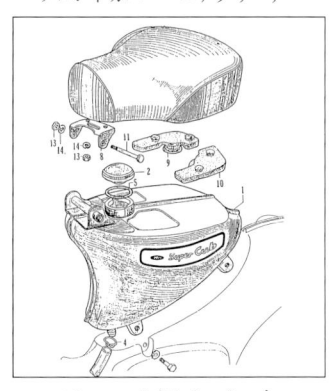

フューエルタンク・シート

⑦ 充実した装備、コスト低減は量産で

ホイールハブとブレーキ装置は、新しいタイヤサイズの採用にふさわしい立派なものだった。上質なアルミダイキャスト製で、大型車のものをサイズだけ小さくした様だった。私は調子に乗ってホーンカバーやキャブのチョークノブまでダイキャストにしたが、これは後に鈴鹿製作所のコストダウン作戦の槍玉にあげられ、すぐに安い板物に変えられてしまった。

ウインカーは50ccクラスでは日本で初めてであった。その他、ダンパー付き前後クッション、スクーター並みのシート等、このクラスではすべてトップレベルの充実した装備が適用された。

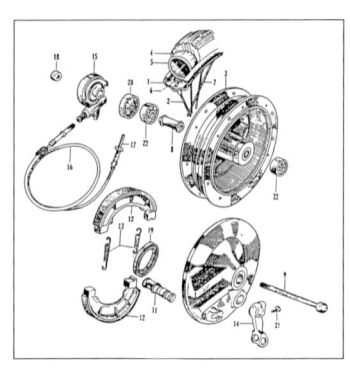

フロントホイール

4サイクルエンジンの採用をはじめ、一般に先がけたウインカー装着や規格外タイヤの採用等、コスト負担は相当なものであったが、これを桁外れの大規模生産を行なってコストの低減を計った。ここにもS.カブに対する、企業のとりあげ方の大きさがうかがわれる。

⑧ モックアップを前に月3万台販売の決意

埼玉製作所には、ジュノオに使ったポリエステル樹脂の部門が残されていて、南極観測探検隊用の雪上ソリをFRPで製作していた。そこで、S.カブのモックアップを作ってもらうことにした。塗装の名人と言われる人もいて、フロントカバーやフェンダーなどすばらしい出来映えであった。ヘッドライトにはクロームメッキの枠やガラスが嵌め込まれ、走りこそ出来ないが実物に近いものが出来上がった。

12月の末、藤沢専務をお呼びしてこのモックアップを前に本田社長が説明した。『専務、ところでどの位売るんだね！』、すかさず『まあ月3万だよ！』……これは今なら企業レベルのGO！か否かの大評価会であった。私たちは、3万台は年間の誤りではないかと思った程だ。後で判ったが昭和33年の12月の業界全体の生産が4万2,000台であり、1位のドリーム号ですら5,600台であったから、非常に大きな数字であった。

⑨ ネーミング

年が明け、仕事が一段落したところでFカブの名称について調べた。語源は熊や狐など野獣の子供で、転じて見習いという意味があり、昔からの使用例として、カブパイロット(見習操縦士)、カブスカウトなど良い名前であることが判った。そこで、Fカブの英文字体を踏襲し、「スーパー」を加味した。本田社長へ上申したところ、一言「いいじゃないか」であった。

4. シリーズとバリエーション

　著名なロングセラー商品はその素性の良さもさることながら、オリジナルに対し、たえず改良を施し新鮮さを与える努力が不可欠である。

　S.カブは発売6年後に、OHCエンジンに切り換え、モデルチェンジを行なった。更にそのあと燃費改善の探求が続けられ120km／ℓ、150km／ℓ、180km／ℓのレベルまで達成した。車体では灯火器を大きくしたり、消音効果を高める改善と共にスタイルの変更も行なった。

　一方、発売直後から二輪車の底辺需要を更に掘り起こすため、スポーツカブをはじめモンキ

ー、ダックス等のバリエーションを次々に市場に送り出した。その数は以後15年間に40機種にも及んだ。これには例えばダックス50とダックス70という様に、それぞれエンジン排気量のバリエーションもあり細かく見れば大変な種類数になる。

ホンダ50・ダブルシート

スポーツカブ

ダックス

シャリイ

大口需要先の企業体向けにも力が入れられた。郵便や新聞の配達用は、舗装路に合わせてタイヤサイズの変更などをしながら今日も使われている。その昔、電報配達に青竹色(電電公社の色名)のカブが走っていた事もあった。

これらはすべて、二輪車の社会的有用性を打ち出した活動であって、中でもユーザーの声を反映して作られたハンターカブは、特色あるものだった。また同じエンジンによる雪上或いは砂地走行に適したATC車も開発された。

郵政カブ初期型(通信総合博物館所蔵写真)

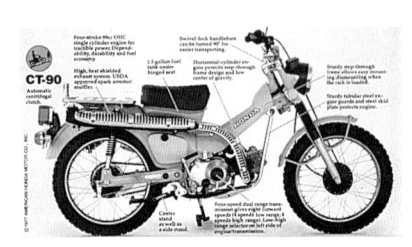

ハンターカブ(輸出用)

ATC

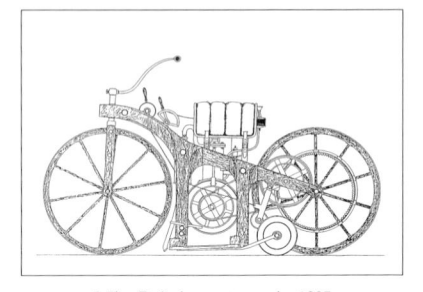

0.5hp Daimler motorcycle, 1885

5. 企業としてのとりあげ方

112年前(1885年)ダイムラーが初めて二輪車を考案した。全長1,690mm、車輪径650mm、奇しくも大きさはS.カブと同じ位であった。エンジンは264cc、0.5psで50ccなら0.1psに相当する。パワーや機能は隔世の感がある。

ソニーでウォークマンが取りあげられようとしていた昭和53年(1978年)盛田会長が、

「ソニーは、商品をパーソナルユースとして開発してきたんだ。ラジオをポケッタブルにし、テレビをポータブルにし、今度はステレオをパーソナルにする番だよ」と。

その言葉を借用すれば、S.カブは二輪車のパーソナル化だったのだ。

6. おわりに

　40年前、やっと戦後の荒廃から立ち直りはじめた国状の中で、まだ日本ではヨーロッパ程なじみの少ない二輪車を社長、専務自らがその特徴を適格にとらえ、底辺の広い商品を意図して号令をかけ、全従業員を挙げて和光工場、浜松工場、更に鈴鹿工場へと生産を拡大し、或いは激烈なフリーコンペチションのアメリカへ、いち早く進出して磨かれ、更に世界の隅々まで需要を探して行動した企業エネルギーの集積が、S.カブではなかろうか。そう思い起こすと当時の方々の努力の余韻が、今尚響いて来る様である。

　私のS.カブスクラップの第一頁は、かつて毎日産業デザイン賞を受け、社長と造形室員でS.カブを前に写した記念写真であり、社報33号の社長、専務の欧州旅行記事のコピーである。これを見るにつけ、次のカブはどうあるべきか、考えざるを得ないところだ。

（1994年 執筆）

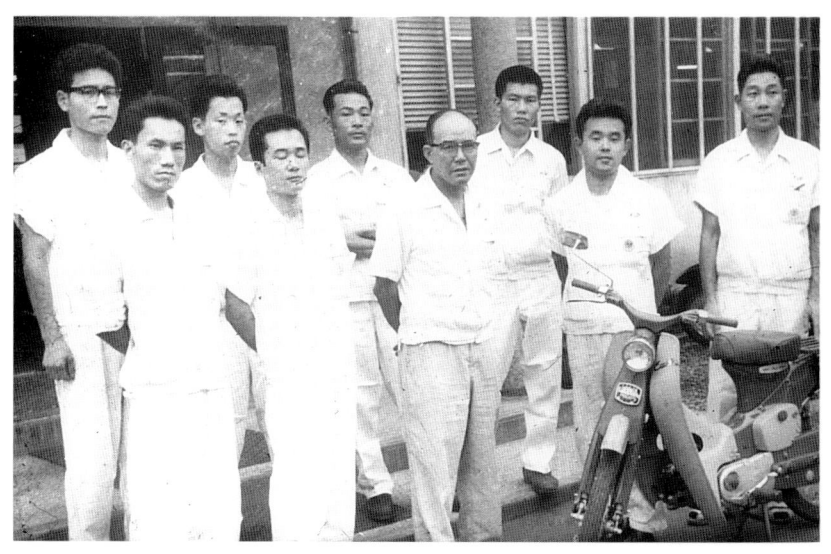

昭和35年('60年)8月、第6回毎日産業デザイン賞を受賞したS.カブを前に、白子の設計部で撮影されたもの。中央が本田宗一郎社長、前列左端が筆者の木村氏および受賞時の造形室員。

　ホンダの設計陣は、先にも述べた様に「需要はメーカーが創り出すもの」の意気込みで、S.カブバリエーション以外にも多角的な検討を行なっていた。例えば下記のモデルがあった。

オートバイタイプ（写真右）

　50cc、アルミダイキャストフレーム。昭和31年('56年)S.カブ開発の前年試作。

スクータータイプの検討

　S.カブ開発の途中、すなわち昭和32年('57年)7月頃計画が浮上、間もなく中止。しかしこれは開発の運営には意味があった。ホンダでは後に開発において競争原理が導入され、複数案の検討とか、異質併行検討方式等が実施されるが、この頃すでにその前ぶれの様な形で行なわれたのではないかと思う。

S.カブ開発前に試作されたパイプハンドル仕様のモペットモデル。

QT50　"トレールカブ"の名称まで与えられ試作し、昭和43年('68年)アメリカ市場へ売り込みを計ったが、販売に至らなかった。この系列のQA50はモンキーの更に小型版で価格も低く、子供向けに人気があり、昭和45年('70年)前後に実際に海外で販売された。

　この様に、試作のみに終わった機種がいくつか存在したが、それらはすべてS.カブあるいは、S.カブバリエーションの布石であった。

北米市場の開拓を目的に、"トレールカブ(日本名ハンターカブ)"をコンセプトとした派生モデル。当初QT50であったが、後にQT60に変更された。写真のモデルはQT60と思われる。(MPプロジェクト資料より)

第4章

『単気筒エンジンの開発史』

Phases in Super Cub Engine Development:
Honda's Single-Cylinder Unit with a Small Cubic Capacity

2サイクルエンジンとして誕生したカブ号は、スーパーカブとなってOHV型4サイクルに変更され、時代の流れと共にOHC4サイクルへと進化した。約40年余におけるエンジン型式の変化は、そのまま小型オートバイ・エンジンの変遷ともいえる。

－本田技研工業㈱編－
HONDA MOTOR CO., LTD.

小排気量の単気筒エンジン

1部. カブ号F型エンジンの開発

白いタンクに赤いエンジンのカブ号F型

　ホンダは戦後の混乱期の真っ只中の1946年、旧陸軍で使用されていた無線機の発電用小型エンジンを改良し、自転車用補助エンジンとして製作を行なった。これがホンダの最初の商品の核であり、その後逐次新製品を生み出してきた。たとえばE型が生産軌道に乗った1951年末には、補助エンジンA型の生産を中止したが、その時期には、早くも補助エンジンの次期モデルの計画は完了し、具体的な検討に入っていた。そして翌年には、F型エンジンの試作をほぼ完了し、5月に大量生産に入った。

　この2サイクルのF型のエンジンは、愛称をカブ号と名付けられたが、これは自由奔放に走り回る野獣の子のイメージを取り入れたものであり、今まであまり興味を示さなかった人々も含め、広いユーザー層の獲得を狙ったものであった。大量販売への布石をすませてカブ号を発売したが、その需要は目を見はらせるばかりであり、6月に1,500台、9月に5,000台、10月に6,500台、そして翌年4月には遂に待望の月産1万台のレベルを達成することができた。このように1952年から53年にかけて、一挙に販売路線を賑わせたF型であったが、1954年には折からの不況と原動機付自転車J型ベンリイの出現などによって需要は次第に細まり、いわゆるカブ号ブームは急速に消滅して行った。

　自転車補助エンジンの有用性は、A型をはじめ過去の商品を通じ十分認識されていたので、製品系列として欠かすことのできない機種であった。新機種に対する企画は、会社トップの起案事項であることはもちろんであったが、F型は今まで以上に、大衆により一層密着した親しみやすさを全面に打ち出し、安く買える動力源を提供することを基本的な狙いとしていた。

　当時は世界的に見てスピードアップの時代であり、我が国もその例外ではあり得なかった。今まで市民は、日常の買い物、通勤、セールス等に自転車を利用してきたが、これにより機動力を持たせ、スピード時代に適合させんとの願いを込めて開発されたものがF型であり、およそ次の要件を満たすよう設計されていた。すなわち、

　1) 取り扱いが容易であること。
　2) 市民の関心を喚起し、乗ってみたいという魅力を感じさせること。
　3) 世界中に輸出できて人々に愛され得るものであること。
　4) 最も軽量化された商品であること。
　5) 保守点検の手間がかからず、しかも燃費が良くて経済的であること。
　6) A型の欠点事項を、十分に対策した機種であること。なお欠点事項とは、
　i) 車輌重心が高く走行安定性に欠ける。ii) 前輪の荷重分布が大きく、走行ショックが大きいため、専用車体を必要とする。iii) 運転者の衣服、殊にズボンが汚れやすい。

カブ号 F型外観

iv) 駆動系のベルトがスリップしやすく、未舗装の多い日本の道路ではベルトのいたみが早く、その耐久性と信頼性に不安がある、などであった。

　当初の構想として、後輪駆動のI案と前輪駆動のII案とがあり、並行してレイアウト設計にかかった。なお当時、ホンダの業績は加速度的に発展し始めた頃で、設計部隊の主力は浜松にあったが、その一部は東京の十条工場に進出し、I案方式の図面作成にとりかかっていた。

　しかしながらF型エンジンは、混合油を燃料とする2サイクルのため、キャブレターのオーバーフローや動力伝達部のオイル漏れ等が当時の技術レベルでは避けがたく、II案は確かに構造的に簡便であるが、漏れたオイルが運転者にふりかかるという重大欠点が想定されたので、最終的にI案の後輪駆動方式を本命として進められた。

a) 構造と特徴

　エンジンを自転車の後輪のサイドに取り付けるという前提条件から、当然車体強度におよぼす影響と、軸荷重分布のアンバランスを最小に抑えるため、エンジン重量をできるだけ軽量化することと、その取り付け位置のオーバーハングを極力小さくすることが、設計者に求められた。

　1) 車体後輪部に水平に配置したエンジンは、ピストンバルブ式横断掃気法の2サイクル単気筒で、ピストン頭部は当初球面であったが、1952年6月の生産立ち上がりの間際に図に示すようなディフレクター付きに変更され、掃気の改善が計られた。クランクシャフトは、A型以来の伝統である片持ち式が採用されて、エンジンの幅寸法の縮小と軽量化が計られていた。

2) ボア・ストロークは40×39.8mmで、排気量は49.9ccであるが、ヘッドおよびシリンダーバレルには、走行風が均等に当たるように冷却フィンをシリンダー軸に対し、放射状に設けた。なお吸入ポートをシリンダーの上方に設け、エルボを介して取り付けられたサイドドラフトのアマル型キャブレターは、後にダウンドラフト式に変更され、吸入エルボは廃止された。

3) シリンダーはアルミダイキャストのバレルに、FCスリーブを焼き嵌めした。なおシリンダーヘッド、クランクケースおよびカバーに至るまで、ダイキャストで出来る部品はことごとくダイキャスト化して、加工の合理化を計った。

4) 動力は図に示すように、一次減速をチェンで行い、湿式コーンクラッチを介して二次減速歯車を駆動し、トルクダンパーをもつ被駆動軸に設けたドライブスプロケットからチェンにより、後輪スポークに固定されたスプロケットへ伝えられた。

なお変速装置はなく、減速比は一定であったが、エンジン始動のために必要な自転車走行ができるようにクラッチを備えており、ハンドル左側のクラッチレバーによって操作できた。なおファイナルドリブンスプロケットは、後輪を外さなくても取り付け可能なように、円周を2分割し、同じく2分割したリング状の取り付け座板とで、スポークをはさみ込んで固定する構造であった。

5) エンジンは自転車を分解することなく、ケースとヘッドの2箇所のブラケットで、簡単に自転車のフレームにボルトづけされるように設計されていた。

b) 問題点と対策

開発時に生じた問題点とその対策は、

1) クラッチオフ操作は主として、自転車走行時に使われるので、クラッチレバーを常時オフ状態に維持できるようロック装置をとり入れた。なおクラッチリフターは角ネジのリードを利用するものであるが、めねじ側の機械加工を廃止するため、精密鋳造の容易な亜鉛ダイキャストとした。しかし亜鉛合金の経時変化(劣化)による破損の不具合が発生した。これは亜鉛合金に特有の不純物介在による粒間腐食の進行が原因と推定された。ところがこれは、99.99%の高純度を必要とする亜鉛地金の取り扱いに対する当時の材質管理、あるいは鋳造技術の未熟さによるものであった。

2) ファイナルドライブスプロケットを、駆動軸に固定することは、エンジンのトルク変動をまともに車体に伝えることになり、走行フィーリング上好ましくないばかりでなく、エンジンおよびドリブンスプロケットの取り付け部やスポークなどの締め付け部の緩みを生じやすかった。その対策として、ドライブスプロケットのボス部に、トルクダンパーを組み込んだ。しかしその効果と耐久性を両立させながらの、ゴム緩衝体のセッティングには大変な苦労をした。

3) ドライブとドリブンの両スプロケットは、生産性を上げるためプレス加工を試みたが、打ち抜きのままでは使用に耐えるものが得られないので、最終的には切削加工

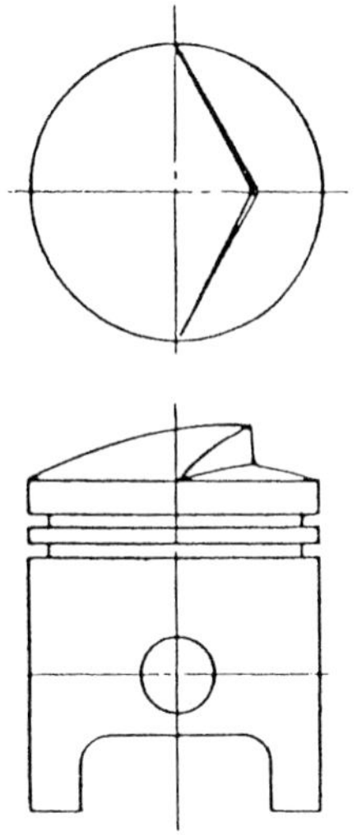

ディフレクター付きピストン頭部

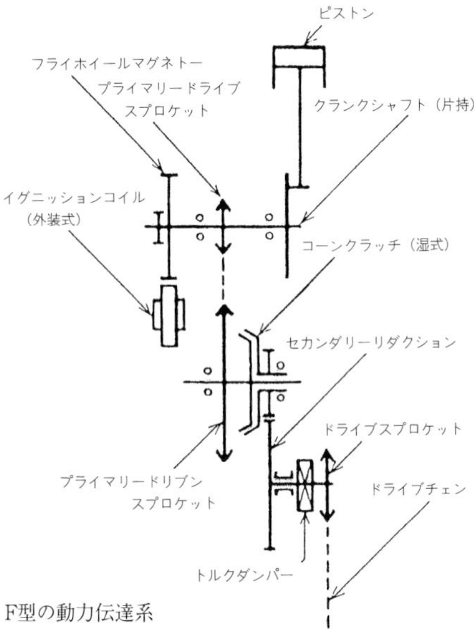

ピストン
フライホイールマグネトー
プライマリードライブ
スプロケット
クランクシャフト（片持）
イグニッションコイル
（外装式）
コーンクラッチ（湿式）
セカンダリーリダクション
ドライブスプロケット
プライマリードリブン
スプロケット
ドライブチェン
トルクダンパー

F型の動力伝達系

にたよった。

4) 燃料タンクは、デザイン上の理由から、2ℓ入りという比較的小型の円盤形のものが採用された。したがってタンクは油量を容易に確認できるように、外側半面に透明硬質樹脂を用い、車体取り付け側はアルミダイキャストで構成するものを試作した。しかし当時の技術レベルでは、樹脂の強度不足、およびアルミと樹脂の接合などの問題が解決できず、採用には至らなかった。なお燃料タンクは、円盤カプセル状の非常にシンプルな形状で、商品価値を高めるため、表面仕上げは純白の琺瑯(ほうろう)処理を実施していた。これはエンジンカバーの赤色塗装ときわだったコントラストをなし、白いタンクに赤いエンジンというキャッチフレーズにより、ヒット商品となった。またタンクキャップは、スプリングによるワンタッチ方式を採用すべく試作とテストとを進めたが、ばね鋼板に施したメッキによる脆性劣化などで、ばねの耐久性に問題があり、幾度も設計変更を重ねた末、ようやく完成させることができた。

5) 商品価値を支配する耐久性、信頼性のテストは、長期にわたり丹念に行なわれた。たとえば浜松地区では、浜名湖一周テストの繰り返しや、浜松－東京間の箱根越えの長距離走行テストを実施した。しかし当時は道路事情が悪く、舗装の途切れる国道一号線を毎日往復するのは、テストライダーにとっては、極めて過酷な試練であった。

なお当時すでに自転車は規格化が進んでいたが、フレームの寸法、リヤーホイール

スポークの本数、角度等が銘柄により異なっており、すべての自転車にF型エンジンを取り付けるのは困難であった。その上車体強度もまちまちで、フロントフォークやリヤーアクスルが折損する事故が頻発した。殊にリヤーアクスルは、リヤーエンジンのF型にとって動力伝達の要であったにもかかわらず、市販品の材質や強度は、ともに一定していなかった。そのため1953年以降は、高級な合金鋼で製作したリヤーアクスルを、ホンダ純正部品としてエンジンのセットの中に加えることにした。

6)エンジンは、本機とその取り付け用部品一式を、1つの段ボールに梱包して販売し、ユーザーは販売店で組み付けて貰うことも、自分で組み付けることもできた。

7)F型は49.9ccで、最高出力は1ps/3,600rpmであったが、重荷重の用途に応えるため、法規改正により2サイクルの排気量許容限度が60ccに拡大されたのを機に、F2型を開発した。新エンジンは、ボア・ストロークが43×40mmの58.1ccで、最高出力は1.3ps/3,500rpmを得ることができた。そして1953年4月より生産に入り、9月には早くも月産4,000台に達した。

c) 走行耐久テスト

F型の性能および品質について、絶対の自信をもって販売できるようにするため、総合的な品質評価ができる実走テストが実施された。その1例として1952年10月から翌年2月までの約4カ月にわたり、浜松－埼玉工場間を舞台に繰り広げられた走行耐久テストの一端を紹介しよう。

総走行距離は、国道一号に沿って箱根を越える片道285kmのコースを22往復し、12,540kmを走破するものであった。なお走行テストは、トラブルを考慮して、常に2台がペアを組んで行なわれた。

この耐久車には次々と設計係から提供された試作品が組み込まれ、信頼性が確認されたものから、順次量産車へ適用されて行った。

テスト報告書には、燃費、所要時間、故障および修理の状況、その他夜間走行時間、天候、路面の状況、およびペダル補助走行の割合など詳細な内容が含まれていた。なお、道路状況を考慮して区分された指定地点では、燃費、所要時間などの記入が義務づけられていた。それらは原則として次のような地点であった。

i) 大井川鉄橋西口 ii) 清水駅前 iii) 三島郵便局前 iv) 箱根頂上 v) 小田原曲り角 vi) 横浜駅前 vii) 埼玉工場がチェックポイントであった。なお故障などで、ある区間を予定より1.5時間以上をオーバーすると判断された場合には、電報または電話により浜松および埼玉両工場に、その旨を連絡することとなっていた。しかし、その当時、地方へ出ると電話は容易に繋がらないので、緊急連絡は電報に頼る場合が多かった。

テスト記録によれば、平均時速のベスト値は22km/h、最低は雨天時の10km/hであった。しかし箱根で雪に見舞われながら12km/hで走破した猛者もいた。燃費はベストが84km/ℓ、最低で27km/ℓ、平均としては60km/ℓ前後であった。

なおトラブルの多かった部品のトップはスパークプラグで、全走行テストで27個消費し、平均としては1個あたり929kmが耐用限度であった。次いでキャブレターの交換が19個に達したが、これはプラグの汚染と関連するものであり、対策の難しい部品であった。

　ヘッドライトの球切れは10回で、平均2,500kmの寿命は、非常に短く感じられたが、これは電球の品質もさることながらテストの厳しさを物語っていたと思える。なおヘッドはガスケットからのガス漏れなどで6回交換、クラッチアーム折損3回、ポイントベース交換3回、燃料パイプ破損3回などのトラブルがこれに次いだ。

　整備上特に時間のかかったトラブルは、ドライブチェンの切断、キャブレターのオーバーフロー、エンジンブラケットの折損、およびエンジンの焼き付などの他に、車体関係ではフロントフォークの折損、リヤーアクスルの折損などがあった。

　エンジンの出力レベルは時によりむらがあり、箱根越え走行に全くペダルによる助力を必要としない場合も多かったが、平均して1/3位は、ペダルの助力を必要とする場合もあった。

　ベアリング類は、レース面、ローラーとも精密測定を行い、磨耗状況を調査したが、いずれも異常は見当たらず、順当な満足すべき結果が得られていた。

2部. OHV機構の水平エンジンの開発

スーパーカブC100シリーズ

　90ccクラスのベンリイJ型の発売で、モーターサイクルの大衆化が進められたが、さらに廉価な、誰にでも乗れる手軽なモーターバイクの開発が、新たに企画された。すなわち商品系列を一層充実し、トータルなモーターサイクルの需要を喚起しようとする経営判断であった。

　このマーケットの底辺を構成する50ccクラスの小型バイクの市場ニーズの変遷は、A型やF型などの販売経験を通じて良く熟知しており、これらのモデルが次第に商品価値を失い、凋落の途をたどった要因も解明されていた。したがってこの新機種開発は、まず既存の内外の製品仕様をことごとく否定することから始められ、需要はメーカーが創り出すもの、という信念に基づいて、型破りの発想によるスーパーカブC100の開発が始められた。

　開発に先立ち、自らのイメージ作りのために会社のトップは、国内はもとよりこの種のモペッドが最も普及しているヨーロッパ諸国の実情をつぶさに視察検討して、構想固めを行なった。C100の企画のポイントは、またぎやすく操作しやすい車体構造に、4サイクル50ccクラスのエンジンを組み合わせ、効率に優れた伝導機構を取り入れることであった。50ccという小さなエンジンに、4サイクルを採用し、しかも変速機に飛躍的なアイデアを盛り込んだことは画期的であったと言えるだろう。

　それでは何故コストアップを辞さず、あえて4サイクルを採用したのか、どういう見通しをもっていたのか、それらを当時の話題から集約してみると、従来の2サイクルエンジンは排気音が甲高い、混合油燃料のため、燃費が悪く、白煙が出る等の欠点が数えられた。これらは過去のE型、J型の開発時にも検討され、その結果いずれも4サイクルエンジンに切り換えているという実績、とりわけ90ccクラス・4サイクルの成功が、C100の企画に対し大きな支えとなっていた。

　C100は、大衆化のために必要な画期的なアイデアが数多く盛り込まれ、なかでも自動遠心クラッチ機構は、そば屋がオカモチを持って乗れる車というキャッチフレーズさえ生み出すほどであった。

a) 構造と特徴

　エンジンの一般的な構造と特徴は、

　1) ボア・ストロークは40×39mm、排気量は49.0ccの単気筒4サイクルOHVで、ほぼ水平に置かれたシリンダーのヘッドおよびバレルの冷却フィンは、縦方向に配列され、その外観がC100エンジンのトレードマークになった。またクランクケース内部に、クラッチと3段ミッションを一体に収めて、エンジン全体は非常にコンパクトにまとめられ、その出力はカウンターシャフト上に取り付けられたファイナルドライブスプロケットから、アウトプットされた。すなわちトランスミッションの設計が合理化され、

ベンリイC90に続いてカウンターシャフトから出力を取り出す方式を採用した。

2) 乗りやすい、またぎやすいボディー構造という前提から、シリンダーは水平に近い配置が要求され、最終的には10°上向きに設置された。この10°はシリンダースカートの油切りに必要な角度であった。冷却はシリンダーヘッドカバーの中央部に通風口を設け、シリンダーヘッドの真上に直接風をあてる方法がとられた。OHVの吸・排気バルブは、上下配置のV型となり、ロッカーアームはヘッドカバーに内蔵された。したがってヘッドカバーにはタペット調整用のキャップが設けられた。

3) ロッカーアーム、吸・排気バルブ等の潤滑は給油箇所の油面ヘッドが小さいので、オイルポンプを使用しない簡易な方式が検討され、カムシャフトのドリブンギヤを簡易ポンプとして利用する方法がとられた。すなわち、ギヤの下約1/4がオイルパンの中に浸っていることを利用し、ギヤがかき上げた油の速度エネルギーによりシリンダー部を介して、ヘッドへ導く構造をとり、その機能を満たした。

しかし上記ヘッド以外、例えばコンロッド大端はオイルスプラッシャーによる、またトランスミッションはギヤによる飛沫潤滑でまかなった。

4) C100の特徴である簡便な変速操作の秘密は、変速ペダルとクラッチ断接機構を連動方式としたことにあった。なおクラッチには湿式多板遠心式を採用し、作動開始点はエンジン回転の不安定領域を避け、トルクが十分に出ている3,200rpmに達した点で、完全にクラッチオンする方式としたので、発進または加速も円滑にできた。クラッチの断接とギヤシフトは、クラッチリフターカムを操作するクラッチレバーをシフトシャフトの右端に固定し、足踏みによるペダル操作の前半でクラッチを切り、後半のストロークでギヤシフトを行う方式とした。

OHVエンジン
（カットモデル）

なおエンジンブレーキを確実に効かせるために、クラッチセンターにねじ機構を取り入れ、逆駆動の時は遠心力とは無関係にクラッチが作動する構造とした。またキックによる始動時にも上記ねじスプラインを利用して、始動トルクを伝達させ、キックシャフトとクランクシャフトの回転比を大きくとることで、始動を容易とした。これら一連の自動クラッチ機構の採用により、従来のハンドル部のクラッチレバーは不要となり、運転操作が簡単になった。

C100が特に好評であったのは、これらエンジンと変速機の特徴のみならず、ユニークなボディーデザインとモーターサイクルの機動性、それにスクーターの親しみやすさ、安心感などが同時に盛り込まれ、絶妙な調和が計られていたからであった。すなわちフレームは、太いパイプとプレス鋼板を合成したステップスルー方式で、低重心車体の基礎固めがなされ、フロントはプレスフォークにボトムリンク、リヤーはスイングアーム式とし、操縦安定性と乗り心地の向上が計られていた。なおフロントカバーはスーパーカブの性格付けに重要な役割を果たすもので、ライダーを保護するとともに、エンジンの冷却風ダクトとして機能するものであった。

フロントフェンダー、フロントカバー、ツールボックスなどに射出成形(Injection forming)が可能な熱可塑性樹脂(英語ではplastics)を使ったため、生産性は非常に良好であった。なお射出成形法は、部品形状に対する制約が少なく、かなり自由なデザインを取り入れることができた。また一般に乗り物は取り扱い中、物に触れたりして衝撃を受ける機会が多いものであるが、合成樹脂の採用により、わずらわしいデホーム(Deform＝変型)を受けることが少なく好都合であった。合成樹脂の材料には、比重が0.96と小さいポリエチレン(商品名ハイゼックス)が使われたので、全体のボリューム感の割に完成車重量は軽く、55kgに収めることができた。

この55kgの車体を駆動するエンジンは、最高出力4.5ps/9,500rpm、最大トルク0.33kg-m/8,000rpmの性能で、最高速度は70km/hに達していた。なおスーパーカブを発売した1958年当時、50ccクラスの市販車の出力は2ps前後が普通であったから、C100の出現はまさにエポックメーキングなものであり、業界に波紋を投じることになった。

b) 開発過程と問題点

1) 当時は、エンジンの出力性能の良否は、小田原側から箱根を登り切れるか否かが、その判断基準となっていた。したがって早速1台の試作車により、箱根登坂テストが行なわれた。その結果は期待に応えるものであった。

2) C100の開発ポイントであったギヤシフトと連動したクラッチ断接機構の設計は、非常に苦心したところであり、A案からH案までの8種類におよぶ試案が検討された。その結果、シフトペダルに取り付けたレバーに側面カムを設け、ペダル操作によって直接クラッチリフター上をスライドさせる案が試みられたが、滑り摩擦が意外に大きく、スムーズな作動が望めなかった。その対策として、3個のスチールボールをはさん

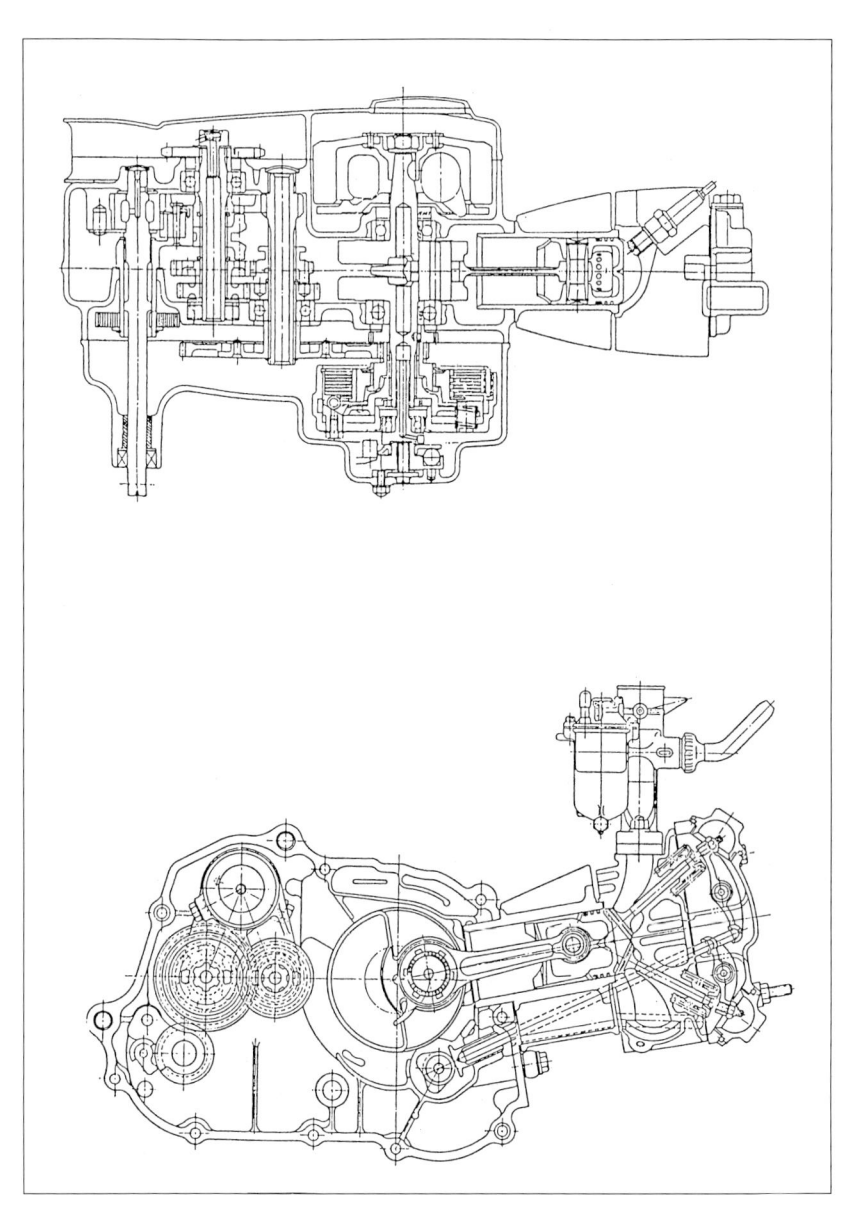

C100

だ側面カムに回転を与える構造を採用することとなった。

3) 当初ロッカーアームチャンバーにはプッシュロッドの往復運動を利用して、オイルを送り込んでいたが、より潤滑性能を向上させるため、オイルパイプを外部に取り付け、ヘッド上部へ給油する方式に変更された。

4) 当初ブリーザーは、中空のカウンターシャフトの外端にバルブ装置を挿入し、そのオイルミストはドライブチェンの給油に利用する方式をとっていた。

しかしこの方式ではオイルの放出が多すぎて、チェンケースを汚損する結果ともなった。

そのためクランクケースの背面部にラビリンスで囲んだブリーザーチャンバーを設ける方式に改め、油滴分離機能を高める対策を施した。

5) カムギヤの騒音低減も対策が困難な問題であった。したがってカムギヤをベークライト化するため、いくつかの案につき試作し、テストを繰り返したが、熱膨張による諸問題が発生したため、結局ベークライトでは問題を解決できなかった。なおギヤ音低減対策は、ギヤの歯形だけでなく、歯車の総合精度を向上させねばならないことが分かり、最終的にはシェーピングしたギヤをペアでセットし、組み付ける方法をとることでほぼ解決することができた。

6) 量産移行後も、機能の改良とコストダウンのため、全社的規模で改善提案のキャンペーンが展開された。その結果、毎週100件にも及ぶ提案が寄せられ、設計者は嬉しい悲鳴をあげながらも、適用可能なものについては即実施に移していった。なおクランクシャフトの生産性向上に関する改善提案は、現在でもなお引き続いて適用されているものが多い。例えばクランクウエイトの外周を黒皮で逃げておき、旋削時の断続切削を避け、バイトの傷みを防止するという案、あるいは平面切削してもばりの出ない素材形状とする案などがそれであった。

7) 小さな半球型燃焼室に、できるだけ大きな吸・排気バルブを装着するためには、通常の12mmスパークプラグはスペース的に大きすぎた。したがってプラグメーカーの協力を得て新しく10mmプラグを開発し、実用化に成功した。C100エンジンの高出力化を実現できた陰には、高性能の10mmプラグの果たした役割は大なるものであり、忘れてはならない。なおこのプラグは、ほぼ同時期に開発されたC90にも採用された。

C100の設計は1957年(昭和32年)1月に開始され、その開発当時この機種は関係者の間で通称Ⓜ(マルエム)と呼ばれ、企画内容は極秘とされていた。当時ヨーロッパを中心に普及していたMOPED(モペッド)が走行ペダル付バイクであったのに対して、日本においてはキックアーム付きが歓迎され、急速に普及するとともにPET(ペット)と化し、MOPET(モペット)と呼ばれるようになっていた。Ⓜはそのニュアンスを持つ符号であった。

1958年8月、スーパーカブの発売広告を主要新聞の全国版に一斉に掲載し埼玉製作所

で量産を開始して以来、1960年4月鈴鹿製作所へ移管するまで、月産台数はほとんど直線的に増産して27,000台に達した。なお移管後の1961年2月に早くも月産70,000台を超し、1967年4月には生産累計5,000,000台目のスーパーカブをラインオフさせるに至った。

c) 派生機種

C100シリーズが膨大な販売実績を記録した陰には、常に時宜を得た派生機種を送り込み、多様化する用途に対応してきた努力も見逃せない。以下、主な派生機種について触れておく。

1) C102

スーパーカブに、スターティングモーターを装備したものがC102であった。C100の始動キックは決して困難ではなかったが、幅広いユーザー層を対象とするとき、さらに便利さ、使いやすさが加わることは、商品価値の向上に不可欠であった。ワンタッチのボタン操作で始動でき、乗車姿勢を崩すことなく、特に積荷の多い場合には安全であった。なお車種の基本仕様は、C100のままであったが、始動用電装品の追加により総重量は5kg増加して70kgとなった。

その構造はC90、C70などとほぼ共通で、クランクケース上部にスターティングモーターを取り付け、オーバーランニングクラッチを介して、クランクシャフトをチェン駆動する方式であった。

2) C105

C105はC100の基本仕様に対し、ボア・ストロークを42×39mmとし、排気量を54ccにグレードアップしたモデルで、パワーが10%余り強化され走行性能も向上した。しかしC105の存在意義は、動力性能の向上もさることながら、スーパーカブに二人乗りと最高速度制限の緩和などの恩典のある第2種原動機付自転車の車格を与えることを目的としたものであった。なおこのC105にもセルモーターが常備されていた。

スーパースポーツC110シリーズ

C110はC100のエンジンを基本とし、スポーツモデル用に改造を加えたものであった。なお新規開発の鋼板プレスのバックボーン型のフレームの採用により、軽便にして高性能なスポーツカブを実現させることができた。C110の開発は1959年から60年にかけて行なわれたが、これと並行して本格的なレーサーエンジンの性能向上の研究が進められていた。とりわけ吸・排気系の動的効果の解析は、実機への応用段階に入っており、C100、C110の諸元決定上寄与するところ大であった。

C110は吸入系の慣性効果を利用するため、特に長い吸入管を用いていた。したがってキャブレターは、その先端にゴム管を介して支持され、フレーム側に取り付けられていた。なおC110はスポーツモデルにふさわしく、C100のクラッチスペースに通常の手動操作の湿式単板式のクラッチを装着し、トランスミッションには4段変速のものが組み込まれていた。

スポーツカブC111 (1960年型)

　吸入系とバルブタイミングのマッチングによって体積効率の向上が計られ、最高出力5.0ps/9,500rpm、最大トルク0.39kg-m/8,000rpmを発揮したこのエンジンは専用車体に搭載され、最高速度は85km/hをマークした。

　なおこのスポーツカブの車体にC100のエンジンを搭載したモデルC111、C105のエンジンを手動クラッチに改造したスポーツモデルC115を次々と開発し、発売していった。

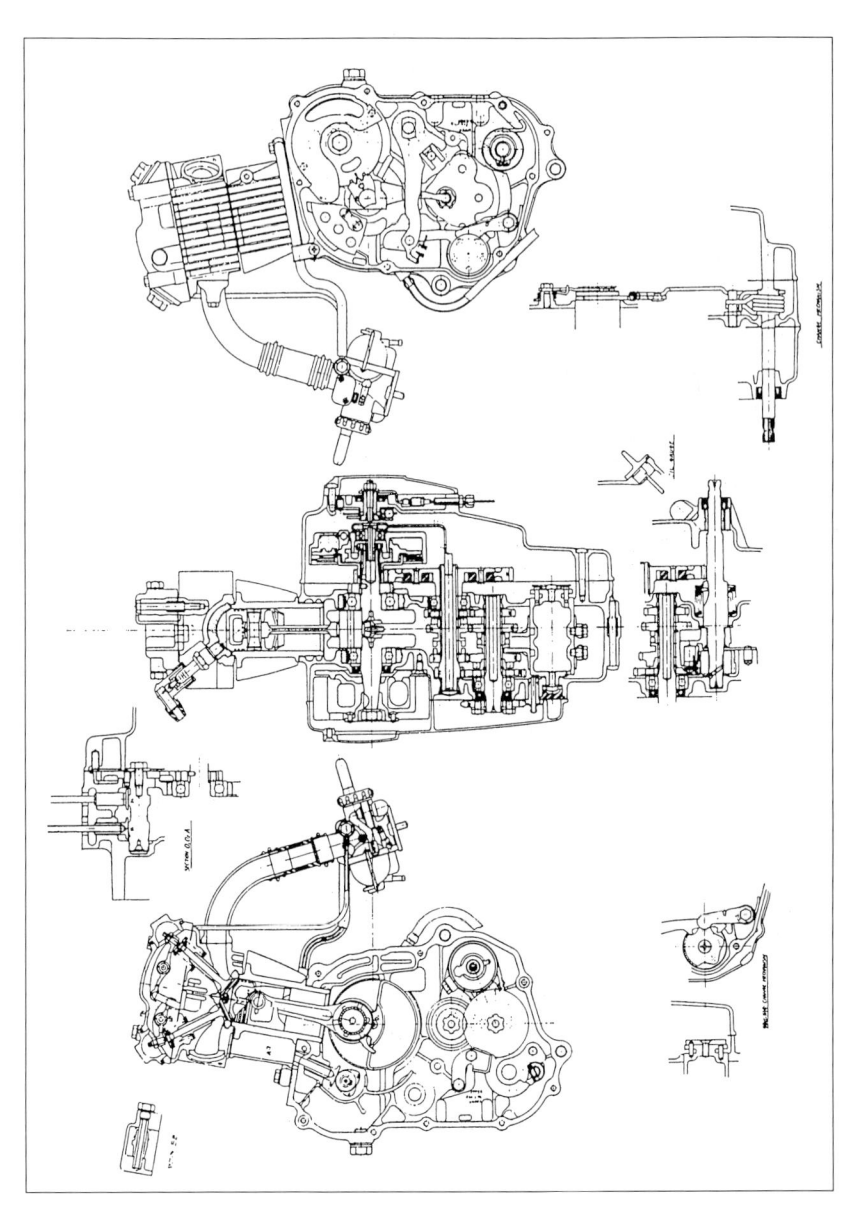

C110

3部. OHC機構を採用し一新した水平エンジンの開発

　スーパーカブC100シリーズの発売以来5年を経過した1963年8月、50ccクラスの需要は依然として拡大の基調をたどり、これに伴って生産規模も次第に強化されていった。この間、とられた高度成長政策に呼応して社会情勢も目まぐるしく変化し、生産技術も日進月歩を続けていた。そのようななかで、モーターサイクル業界の競合は熾烈を極め、メーカー間の性能上の格差はますます縮まりつつあった。したがってホンダがトップメーカーとして、今後もリーダーシップをとり続けるためには、ドリームC70やベンリイC90に適用してきたOHC機構を、小排気量エンジンに採用して商品価値の高揚をはからねばならなかった。こうしてOHVのC100を中心として、その派生機種に至るまでモデルチェンジが行なわれることになった。

　この新型エンジン開発にあたり、想定した主な設計目標は、次のようなものであった。

　1) 耐久性をより一層向上させること。

　2) より静粛性を増すこと。

　3) C100の加工ラインを流用できること。

　4) 排気量アップが容易であること。

　5) 外郭寸法および重量は、C100以下であること。

　とりわけ1)、2)項を実現させるためにOHCが採用されることになった。多くの派生機種をもったスーパーカブ型エンジンでOHCを採用したのは、1964年7月発売のCS90(Tボーンフレームのベンリイスポーツモデル)が最初であり、次いで本項で扱うCS65がそれに続くものであった。OHCのスーパーカブシリーズは、開発当初からCS65を中心とした派生機種をあらかじめ設定していた。なおそれらは構造的には次のように分類される。

OHCエンジン(ST50)

1) 排気量：50ccと65ccの両クラス。

2) クラッチ形式：手動式(スポーツ車)と自動遠心式(実用車)。

3) セルスターター：有と無。

　なお、これらのうち、代表的な機種として、CS65、CS50、C65、C65Mについて重点的なテストが進められ、その後これらの派生機種として、例えばC50、CF50、SS50が開発され現在に至っている。これらの派生機種を、機能上の特徴により分類するならば、遠心クラッチ・3段変速機付きのグループと手動クラッチ・4段変速機(または5段変速機)付きのグループとに大別される。なおこれらのエンジンは、基本のスーパーカブ以外の別車体にも搭載され、様々なネーミングで商品化された。以下開発の経過に従い、主な機種について順次紹介することにしよう。

スーパースポーツCS65

　CS65の最初の構想は図面段階で打ち切られたが、その主な特徴は、

　1) コンタクトブレーカーをカムシャフトの左軸端部に取り付けて、高速回転時の点火時期の安定を計った。

　2) ACジェネレーターを、高速タイプのエンジンにふさわしい、湿式のローター型としクランクシャフト右端に取り付けた。

　3) 潤滑は、ギヤポンプによる強制給油方式とし、クランクピン部の給油は左カバーからのオイルをACGの外側面に取り付けた遠心フィルターの中央部で受け渡し、クランクシャフトの内部孔に導きシャフト内の通路を経て行なった。なおトランスミッションのメインシャフトとカウンターシャフトにも、強制給油されていた。

　この案が採用されなかった理由は明確ではないが、次期スーパーカブ用エンジンとしてコスト的にそぐわなかったようであり、結局新しいレイアウトがなされることとなった。それは図に示すようにC100の基本構造を活かしながら、OHCと強制給油方式を適用して商品化された。なお当初の設計には、コストダウン対策のアイデアがいくつか採用された。

スーパーカブC65

　CS65から派生したC65エンジンの組立図を図に示す。なおエンジンの主な特徴は、次の通りであった。

　1) OHCのカムシャフトは、ヘッドの左側から組み付けられ、ヘッド本体の2点で支持されていた。またカムシャフトのスラストは、左軸端面に3本のボルトで結合されたカムスプロケットのそれぞれの側面を、ヘッドと左サイドカバーに設けたボスに接触させて受けていた。なおカムシャフトの右軸受けから、シャフトの中空部に導かれたオイルは、吸・排気カム面および左軸受けを潤滑し、余分なオイルは左軸端開孔部からカムチェンケースに放出され、チェンを潤滑していた。

　なおカムシャフトは、鋳鉄製で所要部は高周波焼き入れされていた。

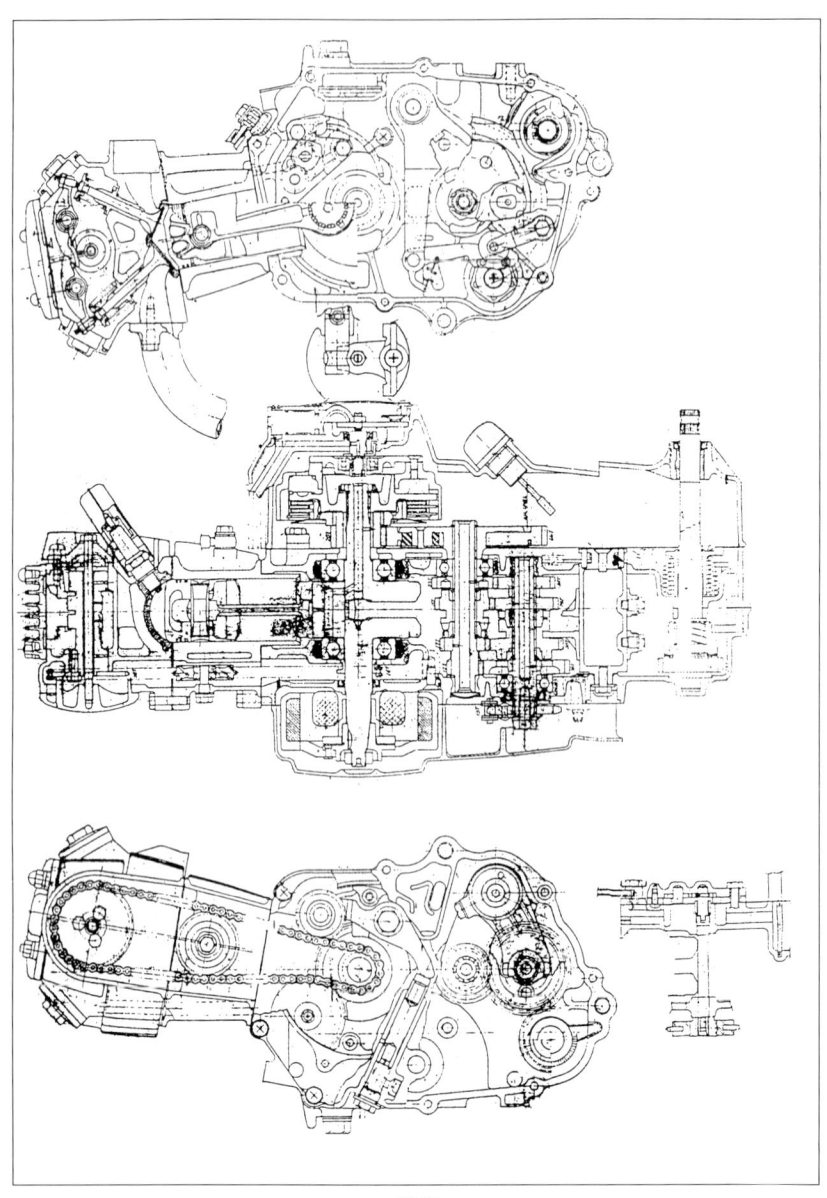

CS65

2) 軽量化と放熱性改善のため、シリンダーヘッドはアルミ鋳物とし、当初は燃焼室を鋳込み、バルブガイドを圧入していたが、無鉛ガソリン対策のため、バルブシートも圧入式に変更された。なお左右のヘッドカバーは、カムシャフトの中空穴を貫通する1本のボルトによって、シリンダーヘッドを介して締め付けるという、簡潔な方法がとられていた。

3) 右クランクシャフト端面から導入されたオイルは、クランクピン部を潤滑していた。なお大端部はC100と同様ニードルベアリング入りであり、クランクシャフトの左端には点火装置を内蔵したフライホイールマグネトーを、右端には遠心クラッチを設けていた。

4) OHCのカム駆動は、一般的なチェンドライブで、チェンサイズが1/4インチピッチのエンドレスタイプを使用していた。なおチェンガイドローラーをシリンダー側とクランクケース側に、チェンテンショナーおよびアジャスト機構をクランクケース側に設置していた。

5) 変速機構と連動した遠心クラッチの構造は、基本的にC100を引き継いでいたが、クラッチアウターの側面に設けた細室をオイルの受け渡しと同時に、遠心式オイルフィルターとして利用していた。

6) 一次減速は加工が容易で、かつ精度を維持しやすいスパーギヤを採用し、生産性とギヤ音防止を両立させた。なおドライブ側は、クロムモリブデン鋼の浸炭焼き入れ、ドリブン側は鋳鉄材とし、歯面に高周波焼き入れを採用した。

7) トランスミッションは、あらかじめ派生機種を想定して3〜5速ミッションの組み込みが可能なように配慮してあった。なおC65はシフター付き3段としたが、後にシフトギヤ方式として、構造の簡略化を計った。ギヤの材質は他機種同様クロムモリブデン鋼の浸炭焼き入れとし、トランスミッションまわりの軸受けは、メインシャフトのドリブンギヤ側にボールベアリングを、他端はケースに鋳込みのプレンベアリングを用いた。またカウンターシャフトはローギヤ側にボールベアリングを、他端のトップギヤ側は鋳込みのプレンベアリングをそれぞれ併用した。なおミッションまわりの潤滑は、すべて飛沫給油方式としていた。

8) 3段ミッションの2本のシフトホークは鍛造製で、爪部は高周波焼き入れ後、ハードクロムメッキを施した。この方式は、E型時代に確立されていた。

9) キックスターターは早送りねじスリーブ機構を利用することにより、スターターラチェットをキックギヤ側面に設けたラチェットに噛み合わせ、キックトルクをカウンターローギヤを介してクランク軸に伝達していた。しかし、その後側面カムによるスラスト付加方式に変更した。

10) 当初、オイルポンプはギヤタイプであったが、後にトロコイド式に変更した。ポンプ駆動は、クランクケース側のカムチェンガイドスプロケットで行なった。

スーパーカブC65（1965年型）

　試作初号機により、エンジンの始動性、回転の上がり具合および騒音などをチェックしたところ、全般的に静粛なエンジンであると判断された。しかしながら、

　1）最初の開発段階では、排気容量の大きいCS65であったため、ブリーザーからのオイル吐出対策に苦心した。すなわちOHCとしたために必要となったカムチェンやオイルポンプなどの関連部品を、小型化されたクランクケース内に収めたため、クランクケースの容量不足が問題となった。この対策としてクラッチ室、すなわち右カバー内容量を有効に利用するため、クランクケース各所に大きな導通穴を設けた。そのため、ケースの剛性不足が新たに発生したが剛性不足については肉厚増加とリブの追加などで対処することができた。なお、ブリーザーからのオイル吐出に対しては、最終的にはミッション室上方の三角地帯に迷路を設けたブリーザー室を大きく設置し、かつその入り口を右カバー内に貫通し、その周辺にオイルの飛沫侵入を防ぐリブを設け、ラビリンス効果をもたせることによって解決した。

　2）試作したプライマリーギヤは、ギヤ音と歯面の異常磨耗が問題となった。そのため歯形精度および歯当たりなどのチェックを行なったが、特に異常はなく、結局強度不足による歯面の倒れであることが判明した。よって転位係数を変えて対策し、問題

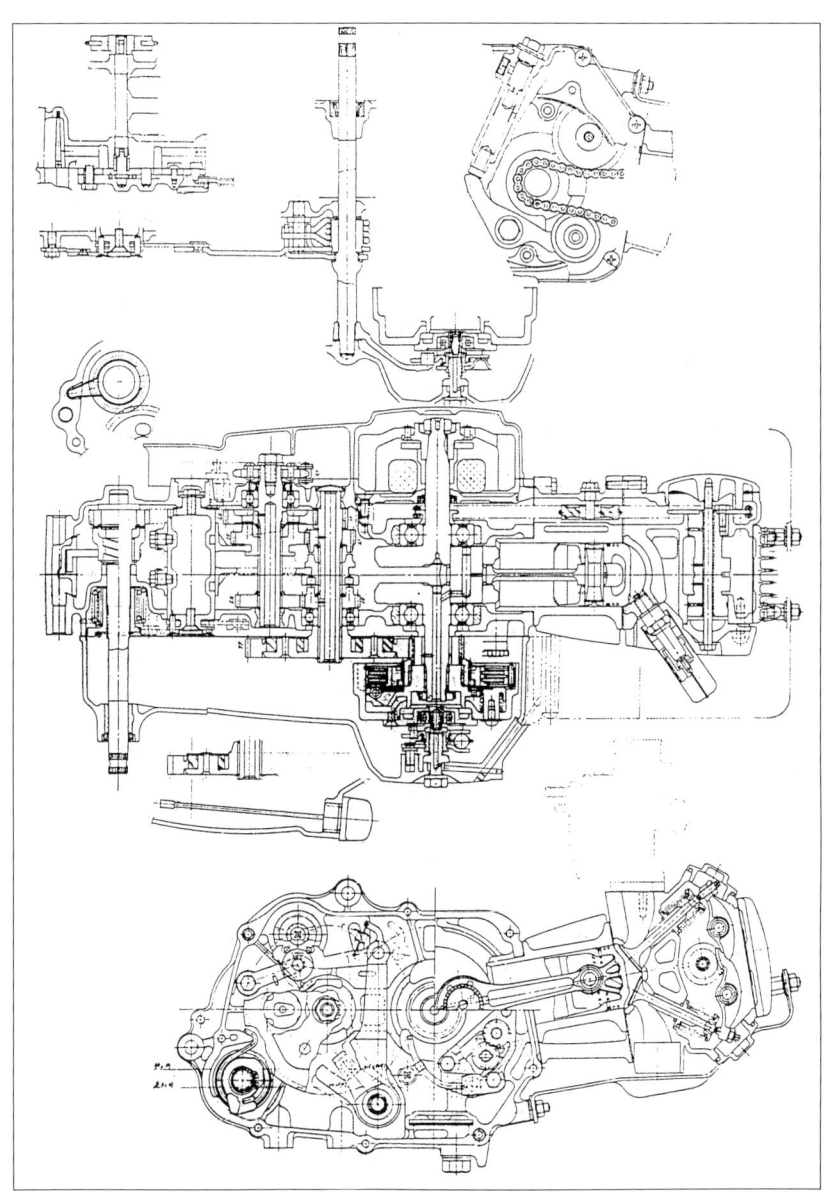

C65

を解決することができた。すなわちプライマリーギヤの歯数比が20：66に対し、旧型はともに転位係数は0であったが、ピニオンに0.265プラス転位を与えることにより改善することができた。

　ギヤの諸問題を解決するために、試作エンジンは鈴鹿サーキットで過酷な実走耐久テストが行なわれた。テストによって得られたデータにより、次々と対策が施された。

　1）キックギヤの滑り：バットセレーションの三角歯を鋸歯型に変え、噛み合い圧力角を0°にしてスラストの発生を防いだ。

　2）クラッチの切れ不良：オイル振り切り板をクラッチセンターの背面に設け、クラッチプレートのオイル粘着を防止した。

　3）クラッチレバーの作動不良：クラッチレバーのピボット部の隙間に泥水が入り、そのため動作不良となったもので、隙間を大きくとって泥水の自然脱落を容易にした。

　4）キャブアイシング防止用オイルパイプの折損：結合金具の形状を変え、応力集中を防いだ。

　5）クラックの発生：クランクケースの後部左側エンジンハンガー部に、クラックが生じたので肉厚を増加して補強した。

主な派生機種

C50

　新たに開発したスーパーカブC50はC100と比較して、最高速度および0～100m加速タイムは改善されていたが、アッパーモデルのC65をサイズダウンした機種であり、吸・排気系諸元が排気量に対してやや過大であったため、中低速の出力が十分でなかったことと、改良された静かな排気音が心理的に作用し、加速フィーリングは必ずしも満足とは言えなかった。したがって静かな車としてのイメージを持たせ、かつ加速性も満足してもらうため、次のような対策を施した。

　1）吸入バルブ径を25ϕから23ϕに、排気バルブ径を22ϕから20ϕに変更するとともに、バルブタイミングの再選定を行なった。

　2）一次減速比をローレシオにして、加速性の向上を計った。

CF50

　ステップスルーの車体は、キャブレターの取り付けスペースが非常に限定されていたため、従来からのモーターサイクル用のピストンバルブ式キャブレターを取り付けることができず、高さの低い汎用エンジンのバタフライバルブ式のものを採用した。そのため、低中速からの急加速、および始動性で満足な結果が得られず、その対策としてバタフライバルブ式キャブレターの霧化の改良を計り、加速性は満足できるようになった。また始動不良に関しては、一応の始動要領さえ心得れば、他機種に比し何ら変わらないことが確認された。

CF50はエンジン全体が鋼板プレスのフレーム内に収めたデザインを採用したため、冷却性向上とエンジンノイズ低減に取組む必要があった。冷却性については、エンジンの両サイドおよび上面に通風ダクトを設け、風の流れを改善することで対策した。またエンジンの振動によるフレームの共鳴騒音防止には、固定式エンジンマウントをラバーマウント式に改めることによって、かなりの消音効果が認められた。なおユーザーの好みに対応できるように、開発時に2段と3段のトランスミッションを用意しており、初期には2段変速と、走りやすさに重点を置いた3段変速式の2タイプが市販された。なおこのCF50はシャリイとネーミングされた。

SS50

　Tボーンフレームに搭載されたスーパースポーツSS50は、ベンリイのシリーズに加えられているが、エンジンはあくまでスーパーカブと同系の派生機種であった。SS50の開発段階で特に問題となった点は、何と言っても出力向上であった。

　当時、出力アップの常套手段は、まず回転数を上げることであったので、このエンジンも同様な設計手法がとられた。ところが回転が10,000rpm以上になると、エンジン出力が安定しなくなった。かなりの勢力を注いでの原因解明の結果、左右クランクケースの主軸受けに芯ずれがあったことと、クランクケース内圧が異常に高くなることを発見した。SS50のブリーザー回路は、クランクケース側から一旦右カバー内を通り、それからケース内のブリーザー室に入るという構造であったが、高速でブローバイ量が増加すると、ケースと右カバーの通路口が狭すぎたため、クランクケースの内圧が異常に上昇し、フリクションロスの増加を招いていたことがわかった。

　その対策として通路面積の大幅な拡大を行なったところ、出力は格段と安定し、かつ高速においてかなりの伸びを示した。ちなみにC110の最高出力は5.0ps/9,500rpmであったのに対して、SS50の最高出力は6ps/10,000rpmであった。

ベンリイSS50（1967年型）
エンジン部

112

1959年：ホンダのカタログの多くはは58年発売分まで２ツないし３ツ折りだったが、59年からはA5版型ページモノも加えられた。この59年後期〜60年前期型スーパーカブのカタログは8ページ、歴代カブ史上で最も豪華な部類。車体カラーもブルー系に加えブラウン系が加わり、フロントフェンダーがフォークと同色になった。

1961年：鋼板プレスの車体カラーとポリエチレン製フロントフェンダーという異なる材料の色あわせができるようになり、同色になったのが61年から始まる鈴鹿製作所以降の製品。フェンダー色がレッグシールド（フロントカバー）などと同色車は「初期暫定配色」と呼ばれていた。

1961年：モデル増加の一途にあった60年4月以降、カタログも配布量が増え見開き折り8ページとなる。これはセル付C102だが、他にC100とC102併用版も製作。外観的にフロント・ブレーキのトルクロッドがなくなり、フロントカバーとサイドボックス類もアイボリー系にそろえられた。

商用連絡に　通勤　通学に誰方にも乗れるクスオートバイです　洗練されたデザインジンは50cc4.5馬力の素晴しい性能に〈セル付〉スーパーカブは　必ずお気

る〈スーパーカブ〉は軽量小型のデラックと　丈夫な車体　強力な4サイクルエで精密機械の最高峰をゆくものです　更に召すあなたの自家用車となりましょう

HONDA
50·55·90

1963年：スーパーカブの海外輸出は59年6月にアメリカン・ホンダ・モーター向けにダブルシート仕様のC100発売が最初。ヨーロッパはイギリス、フランスが主だった。このカタログ発行時点では、70カ国、250万台のスーパーカブが販売されたと記載されていた。

1963年：ラインナップは4車種でC100、C102、C105、C105T。仕向地が限定されていない英文カタログのため、灯火類は日本向けと同じで全車ダブルシート付。なお55ccのC105Tは日本では、50ccのC100Tとして63年の東京モーターショーに展示がされた。

HONDA 50 C-100　　colors available

HONDA 50 C-102

HONDA 55 C-105

HONDA 55 TRAIL C-105T

1965年：アメリカでの広告。対米向けCA100は62年から発売、CL72用大型テールランプが外観上の特徴。車体もスカーレットレッド、ホワイト、ブルー、ブラックにホワイトカラーのフロント＆サイドカバー付を販売。価格＄215は当時の77,400円に相当した。

1963年：明るいイメージの2トーンカラーシートを採用した改良型は車体番号C100-J以降。当時日本の近代生活である団地における奥さん達と豆腐屋さんを演出したシーンを展開、ビニールの買い物カゴ、ヘルメットの無着用がこの頃の時代の使われ方を表わしている。

お仕事に———

1963年：YOU MEET THE NICEST PEOPLE ON A HONDA「世界のナイセストピープル、ホンダに乗る」キャンペーンはバイクの持つアウトロー的イメージを払拭することに成功。日本でも63年東京モーターショーに16台のスーパーカブ、イラストなどを展示。

1964年：アメリカ国内のグライダー滑空場を走るスーパーカブCA100。このカタログは東京モーターショーなどで配布された2ツ折りで、新型車SOHCのCS90、OHVのCM90を写真で紹介。「日本最高の輸出企業をめざすホンダ」ということをアピールしていた。

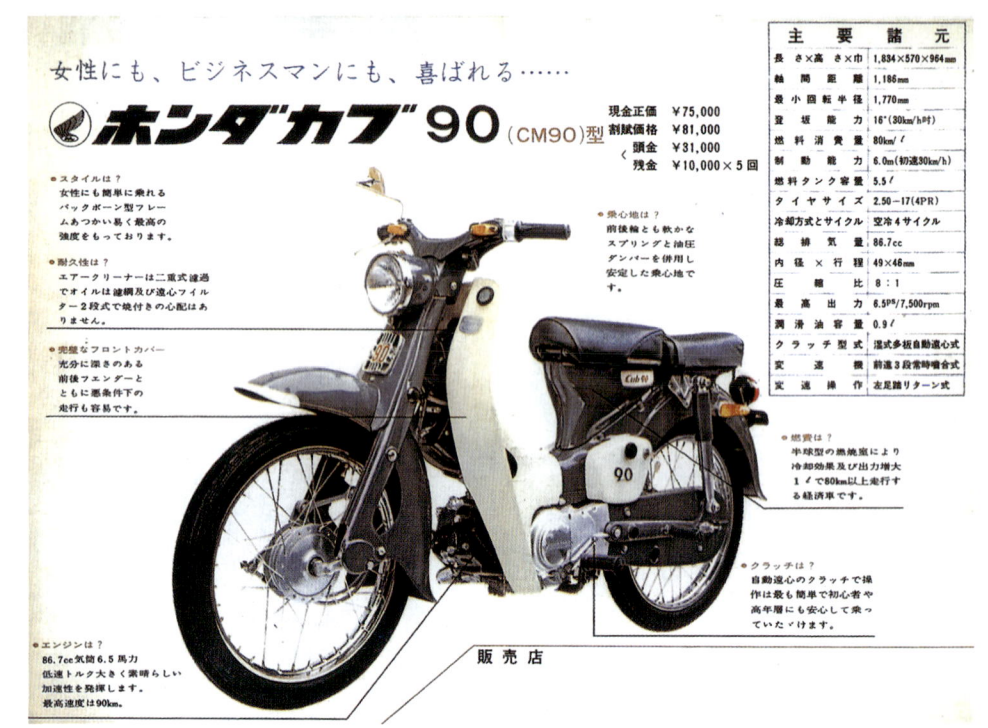

女性にも、ビジネスマンにも、喜ばれる……

ホンダカブ90 (CM90)型

現金正価　¥75,000
割賦価格　¥81,000
〈　頭金　¥31,000
　残金　¥10,000×5回

●スタイルは？
女性にも簡単に乗れるバックボーン型フレームあつかい易く最高の強度をもっております。

●耐久性は？
エアークリーナーは二重式濾過でオイルは濾網及び遠心フィルター2段式で焼付きの心配はありません。

●完璧なフロントカバー
充分に強度のある前後フェンダーとともに悪条件下の走行も容易です。

●乗心地は？
前後輪とも軟かなスプリングと油圧ダンパーを併用し安定した乗心地です。

●燃費は？
半球型の燃焼室により冷却効果及び出力増大1ℓで80km以上走行する経済車です。

●クラッチは？
自動遠心のクラッチで操作は最も簡単で初心者や高年層にも安心して乗っていただけます。

●エンジンは？
86.7cc気筒6.5馬力低速トルク大きく薬明らしい加速性を発揮します。最高速度は90km。

販売店

主　要　諸　元	
長さ×高さ×巾	1,834×570×964mm
軸間距離	1,185mm
最小回転半径	1,770mm
登坂能力	16°(30km/h付)
燃料消費量	80km/ℓ
制動能力	6.0m(初速30km/h)
燃料タンク容量	5.5ℓ
タイヤサイズ	2.50-17(4PR)
冷却方式とサイクル	空冷4サイクル
総排気量	86.7cc
内径×行程	49×46mm
圧縮比	8.5
最高出力	6.5ps/7,500rpm
潤滑油容量	0.9ℓ
クラッチ型式	湿式多板自動遠心式
変速	前進3段常時噛合式
変速操作	左足踏リターン式

1964年：スーパーカブの最大排気量車、ホンダカブ90、CM90の1枚カタログ。まだ車名にスーパーがつかないのが特徴。キャッチフレーズは「女性にも、ビジネスマンにも、喜ばれる」。鋳鉄製OHVヘッド、シリンダー86.7ccにて6.5ps/7,500rpm、90km/hをマークできた。

（写真上）1966年：ホンダの90ccシリーズに、CS90ベースのSOHCエンジンが搭載された。CM90は新たにスーパーカブC90となり1psアップの7.5psに力強くなり、95km/hに。バイク型のホンダC200はベンリイCD90と名称変更されるなどSOHC化を強烈にアピールした。

（写真左）1965年：380万台を生産したスーパーカブに、初のSOHCエンジン車C65が加わる。新しいマシンを強調するため車名のロゴも新しくなり、スーパーカブのカタログなどに70年代まで使用。ホンダはC65発売以降、新たに2年間5万粁（キロメートル）保証制度を全製品に実施した。

1967年：5月に生産累計500万台を突破したスーパーカブのホンダUK＝イギリス向けC50のカタログ。現地印刷モノでHONDA C50の白い部分が上に折れてスペックがあらわれる2ツ折り。イギリスで法規上必要なフロント部ライセンス、ダブルシートなどが特徴である。

1966年：スーパーカブが2台並んだ広告。両車ともにC50で、前後をみせてスタイルのリファインぶりをアピールした。C50の外観上の特徴は、スイングアームがチェーンケースまで立ち上がり、リアショックがC65、C90より短いものが装着されたことであった。

1966年：世界のカブとして5月にC50とC65が新型スタイルで登場。C90は1ヵ月遅れた6月にデビューを果たした。大型ヘッドランプ、スポーツカーS600イメージのフラッシャー、大型テールランプなど走行時の安全性や質感が大いに高められての登場であった。

1969年：SOHCの新型スーパーカブ・シリーズも2年を経て、ニュータイプのC90が68年8月に登場、69年1月にはニュータイプC50と新型車C70が登場。フロント部ポジションおよびキーライトがつき、荷台がクロームメッキのパイプ製に変わり豪華になった。これはスーパーカブ全車を載せた69年配布カタログ。

1969年：ニュータイプ・スーパーカブの使用状況を表したカタログの表紙。通学から出前まで、あらゆる使われ方を想定しての様子が演出されていた。

1969年：総生産600万台突破記念として職業（プロ）シリーズを受注生産。C50とC70に新聞配達ニュースカブが標準車プラス13,000円、他にカーペンター、オフィス、フラワーから通学用スクールカブのプラス4,200円まで5タイプを用意。なお部品販売はされなかった。

精悍なフットワークで新しい《ゆとり》を生むスーパーカブ！

原付免許で手軽に乗れるモペット！
スーパーカブ C50
¥62,000　C50M（セル付）¥69,000
● ソフトな乗心地のカーボン型ダンパー
● レザータッチのやわらかいシート

2人乗りもOK／一段と余裕のあるパワー6.2馬力！
スーパーカブ C70
¥68,000　C70M（セル付）¥75,000
● ゆったり座れるレザータッチ・シート

豪華な装備でカブ一番の力もち！
スーパーカブ C90
¥78,000　C90M（セル付）¥85,000
● 小物がはいる大型サイドカバー
● レッグシールド内側に、カバンなどがさげられるフックを装備

★価格はいずれも全国標準現金正価です

使う立場から設計された数々の装備

● **世界のモペット**
二輪車のベストセラーカーとしてホンダ・スーパーカブは、世界中のみなさまにご愛用され、実に600万台を突破しました。乗る方の立場にたって研究＋設計、そしてさらに改良が加えられて一段と豪華に、安全性も一段とアップ。どうどう世界のモペットになりました。

● **ユニークなポジションライト**
前面にユニークなポジションライトを装備、雨や夕暮時の走行、交差点の一時停止に他車にハッキリ位置を知らせます。
また、配光を特に意識したカットレンズの大型ウインカーや大型ヘッドライトなど細心の安全設計です。

● **初心者からベテランまで気軽に運転できます。**
クラッチ操作のいらない自動遠心変速で運転がとても簡単です。静かでねばり強い4サイクルOHCエンジンとあいまって、急な坂道もゆとりをもってのぼります。泥ハネや風を防ぐレッグシールド、スマートで低いフレームは女性にも最適。初心者からベテランまで、カブは乗る人のあらゆる要求をかなえています。

● **便利な「セル付」もあります**
スイッチを押すだけで、簡単にエンジンが始動するセルフスターター。キックする必要がないので女性でも楽に乗りこなせます。また乗り降りの多いご商売、お仕事の方の能率もグーンとアップします。

● **新設計の荷台**
荷台は、クロームメッキのパイプ製で大きく頑丈になりました。またC70・C90には簡単に脱着できる2人乗用のシートもついています。

● **新しい《ゆとり》を生むスーパーカブ**
カブは駐車難を知りません。路地うらや、横町もスイスイ、カブの便利さは、仕事に、レジャーに、お買物に新しいゆとりをつくります。手軽に乗れるので、もうひとつのファミリーカーとして家じゅうでご愛用ください。

● **二輪車で初めて《キイライト》を採用**
暗闇でも鍵穴がハッキリわかるキイライトを二輪車で初めて採用しました。ホーンボタンを押すと点灯し、同時に右側のウインカーがハンドルロック部を明るく照らす便利さです

● **サイドスタンド新設**
ちょっとした駐車に大変便利なサイドスタンドを新設しました。足で軽く操作できるので気軽に使えます。

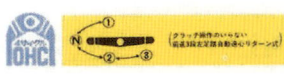

1970年：ウインカーランプがCB750スタイルになった、新型スーパーカブのフル・ラインナップでキック始動に加え全車セル付を用意。カラーリングもC90のボルドーレッド、C70のターフグリーン、C50のレオイエローなどカラフルなものが国内向けにそろえられた。

風きる笑顔も、春風のようです。
"乗る"というより、"楽しむ"感じ。

メタリック塗装はひときわ目だったボディカラー。
門の前に置くとあなたの家が明るく映えます。
服装にあわせて乗るとお買物姿が軽快!

フェンダー、レッグシールドがぐんと銀色。
だからお年寄りが乗ってもイキに乗りこなせる。
中低速に強いトルクが散歩の速さで乗っても安定。

NEW スーパーカブ DELUXE
C50 ￥68,000　**C50M**(セル付)￥75,000

ハンドルはフライングスタイル。かもめが羽をひろげた、あの、かたち。
タンクのエンブレムも ナイス・デザイン。
並木道を走ってみたくなる、スラリとした印象。

らくらくな乗車姿勢。
一日中走りまわるお仕事には これがいちばん問題です。
ハンドルとシートとステップの、人間工学にかなった 疲れない設計。
得意先回りを余分にこなせます。

NEW スーパーカブ DELUXE
C70 ￥74,000　**C70M**(セル付)￥81,000

たっぷり積める大きな荷台。
雨の日も性能の落ちない耐水ブレーキ。
ショックをやわらかく吸収するダンパー。

安心運転をお約束。特殊設計で光量の大きいウィンカー。
そのパイロットランプを メーター内に組込んでいる。
機械にうるさいエンジニアも これなら文句をいえません。

NEW スーパーカブ DELUXE
C90 ￥84,000　**C90M**(セル付)￥91,000

new! チャームなカブ

デラックス・カブのデラックスなところ

1971年：1月17日発売になった
のがNEWスーパーカブ・デラッ
クス・シリーズ。タンクをダッ
クスホンダ同様に鋼板プレスフ
レーム内に収納、チャームなカ
ブとして登場、今日まで続くスー
パーカブ・スタイルの最初の
モデル。セル付Mタイプも同時
発売された。

1971年：スポーティな外観の
デラックスも一時的に販売。
対米向け72年モデルC70K1セ
ミロング・ソロシート付の国内
向けがC50DELUXE-II、東南ア
ジア向けC70K2用ロングダブ
ルシート後部を短くしたのが
C70DELUXE-II。だが実用性
に乏しく大量には出なかった。

ホンダ スーパーカブ DELUXE-II
散歩？デート？楽しい乗心地

おしゃれタイプです。スリムなスタ
イル、なめらかなボディライン。シー
トも、座る機能性に印象のよさをプ
ラスしたセミダブル型。カラーは、パ
ッと華やかなメタリック塗装。あな
たの服装とマッチする、明るい色調
です。さあ！どこへ出かけましょう。

スーパーカブ70DELUXE-II

標準現金価格―――￥75,000
C70M-DX-II(セル付)￥82,000

車体色と
ツクロはMタイプに共通
C70DX-II　●サバンナグリーンメタリック　●ボピーイエローメタリック
●ジャマイカブラウンメタリック　●ダークグレーメタリック

スーパーカブ50DELUXE-II

標準現金価格 ￥69,000　**C50M-DX-II**(セル付)￥76,000
●4サイクルOHC●49cc●4.8馬力●燃費85km/ℓ ●前進3段自動遠心クラッチ

パストラットブルー メタリック	サバンナグリーン メタリック	ダークグレー メタリック	ポピーイエロー メタリック

★特色は印刷のため実物と多少異なる場合もあります。〈 〉内はMタイプにも共通

HONDA BUSINESS　ホンダ スーパーカブ シリーズ

1973年：ホンダ車はこの時代CB750をはじめとするCBブームの渦中にあり、CB500、350フォア、CB350から125ツイン、CB125から50シングルまでと選択に困るほどだった。スーパーカブに関してはビジネスおよび実用車ムードに徹したカタログ造りが実施された。

1975年：日本でビジネス車として使われたスーパーカブは70年代中期まで、左のカモメ型ハンドル付のデラックスと、右の従来型タンク別体のフラットバー・ハンドル車が生産および併売された。バックミラー、フラッシャーなどの微妙な差異に注目して欲しい。

1980年：対米向けに72年モデルC70K1以来のデラックスC70Mが、80年にPassport＝パスポートの名で販売。現地の規格に合わせた別体フラッシャー、ダブルシート、専用リアキャリアなどの装備が特徴。なおフロントバスケットは現地でもオプション扱いであった。

1982年：スーパーカブのデザイン上の変化で顕著だったのが、角型スタイルを持つSDX＝スーパーデラックスの登場であった。エンジン・フレームを見直し、オーバードライブのエコノミードライブ付4速で150km/ℓを達成。併売車として赤カブもブラック＆レッドの鮮やかなカラーリングで発売された。

1984年：生産累計1500万台突破の1983年以後に、50スーパーカスタムと名を変え180km/ℓを達成。先進のエンジンは経済性を求めてクランクをはじめ再度見直された。また70、90についてはスーパーデラックスのままで、引き続き生産がされていた。

1986年：東南アジア向けには、スーパーカスタムの角型デザインが踏襲された新型派生車達がインドネシアやタイで造られていった。ハンドルやテールランプ部に、ウインカーを組み込んだデザインがざん新であった。

新刊のご案内

『ホンダ リトルカブ　開発物語とその魅力』

三樹書房 編集部 編

■定価　本体1,800円+税　■ISBN978-4-89522-726-1　■2020年3月発売

スーパーカブ直系の派生モデルとして1997年に誕生したリトルカブ。その愛らしいスタイリングで、多くのファンの支持を得て2017年まで生産され、国内専用モデルとして20年間に約16万台が販売された。本書は、本田技術研究所の開発チーム自らが語った開発秘話や、量産・特別仕様車モデルの概要やカタログ、販売実績、ユーザーの声などを網羅した愛蔵版。

【主な内容】

第1章　技術者たちの証言
　リトルカブ開発責任者の竹中正彦氏はじめ6人の技術者が本書だけに語った開発秘話

〈カラーページ〉量産モデルから特別仕様車まで、美しいリトルカブのカラーリングはこうしてできた
　量産モデル及び限定車など、全12車種の写真・カタログを掲載！

第2章　リトルカブの生産ラインの記録（本田技研工業　熊本製作所）
　エンジン、車体の組み立てから完成までの工程を写真で追う

第3章　ユーザーの声

第4章　ホンダの人々から

資料編——年表／販売台数（2017年12月～1997年7月）

■お求めは全国の書店へ

オンライン書店でもお求めいただけます。また弊社への直接のご注文も承ります。お電話にてお申し付けください。

受付時間：9:30AM～5:30PM　☎ 03-3295-5398（担当：遠山）

MIKI PRESS
三樹書房

〒101-0051　東京都千代田区神田神保町1-30
TEL：03-3295-5398（代）／FAX：03-3291-4418

1986年：80年3月よりC90には新型HA02E85ccエンジン搭載。C50を基本にC70がボア8mm拡大、C90は70の8.1mmストロークアップ版になった。81年2月から車体もC50ベースになり、停止時3から1速にシフトできる方式採用。86年にはシート厚が増し大型化。

1996年：パンク防止に効果的な2重のパンク防止液封入式のTUFFUP＝タフアップ・チューブを標準装備、使い勝手を向上。2000年9月新排出ガス規制適合車となり70を廃し50と90のみの生産に集約された。

2001年：リトルカブの人気に加えて、スーパーカブの世界も拡大をはかり、この若者向けスタンダード系をリリース。カラーリングや細部デザインを見直して超ストリートファッションスタイルのスーパーカブが21世紀に向かって放たれた。車体色はこのブーンシルバーメタリック×ブラックとプラズマイエロー×ココナッツホワイトの2色。

ホンダ ニュースカブ シリーズ・50・70・90

1971年：3月に職業シリーズで反響のあった新聞配達ニュースカブが、さらに本格的仕様で登場した。70と90はフロントバック付なのが特徴。丈夫なリアキャリアとフラッシャー位置変更、未舗装路でもめりこまないサイドスタンドなど、随所に工夫がみられた。

"一騎当千"走っては止まり、配っては走る。
配達専用車に何が必要か、知りつくした設計です。

1972年：配達用の専用車として造られたニュースカブであるが、大型荷台は後のMD系にも少なからず影響を与えた。またプレスカブと各部を比較すると当時の考え方がわかる。

1972年：視認性の良いブライトイエローの車体は、雨天時の停車も安心。最大積載量は50型30kg、70、90型は60kgで設定。ギアはカブ系初の3速ロータリーでこの後のPRO、プレスカブにも継承。なおバッグはオプション。初期の郵政カブMD90も仲間であった。

HONDA

1988年：2月からプレスカブが、グリップヒーター付デラックスとスタンダードで登場。ニュースカブが市場から消えた75年以来、新聞配達用は82年4月登場のPROが集配業務用に造られ、ビジネスと名称変更後にこのプレスカブが登場した。
右はウインカーがフロントバスケット下に移動した89年以後のカタログ。

1998年：プレスカブは、重積載用にリア車軸、ブレーキは250ccクラスのものを装備、スイングアームも強化型である。グリス封入チェーン、メーター内部ギアポジションランプ、シート下燃料メーター、キー付タンクキャップを装備。96年12月からパンクに強いタフアップチューブ付になった。

1972年：スーパーカブの海外生産は61年からC100系が台湾、66年にC50がタイで生産開始、C50デラックス系は75年から生産が開始された。このC50はエンジンやフロント周りはデラックス型だが、タンク別体フレームを使用している点で興味深いものがある。

1988年：7月にタイ製のスーパーカブC100はC100EXとして、日本に向け最初に出荷された。タイではドリームと呼ばれ、NHKのTV番組でも紹介された人気車で、フロントのテレスコピックフォークが特徴。89年型は後部に小さなキャリアが装備され実用性を少しアップした。

1992年：ドリームのフルモデルチェンジ車HA06で、デザイン的に、よりスタイリッシュに変更された。東南アジアではデザイン的にはスクーター的エアロ・フォルムが好まれ、2000年以降モデルはよりスマートになり、カブから離れたデザインになって輸入された。

1995年：日本向けのHA6ことスーパーカブC100のマイナーチェンジ版は、タイ現地工場の国内向け車と相反したリア・キャリア付の荷物運搬車でないと、日本では売れないと判断。理由はタイ・カブ用の荷台を求める希望者が殺到したためで、日本向けには「ビジネス車」として出荷した。

1998年：6月に発売された前後14インチの「リトルカブ」。これは本田技研の創立50周年記念車で、初代スーパーカブをイメージしたカラーリングが特徴。リトルカブ自体は97年7月にデビュー、8月から発売されている。

1999年：9月のマイナーチェンジ時に登場、国内新排出ガス規制に適合させて販売したリトルカブ。安全性のためスーパーカブ、リトルカブ全車にマフラーガードが装備された。

1990年：ホンダの用品等を手がけるホンダ・アクセスが、スーパーカブ用に開発したのが各種アクセサリー。サイドからリアへ廻されたボックス装備すれば、一見して全く異なる印象に。名称も「カブラ」と親しみやすくマニア垂涎の的として知られる。

解説／小関和夫

YOU MEET THE NICEST PEOPLE ON A HONDA

Maybe it's the incredibly low price, $245 (plus a modest set-up charge). Or the fact it doesn't gulp gas. Just sips it — 200 miles to the gallon. Or the way the masterful 4-stroke 50cc OHV engine carries you along at 45 mph without a murmur.

Or it could be the ease of 3-speed transmission, automatic clutch and the extra safety of Honda's cam-type brakes on both wheels. The optional push-button starter makes you feel right at home, too.

But most likely it's the fun. Evidently nothing catches on like the fun of owning a Honda. You see so many around these days. And the nicest people riding them. Merry Christmas. For address of your nearest dealer or other information, write: Dept. AA, American Honda Motor Co., Inc., 100 West Alondra, Gardena, Calif.

HONDA — world's biggest seller!

© 1963 AMERICAN HONDA MOTOR CO., INC.

アメリカで展開した"ナイセスト・ピープル・キャンペーン"の広告。大手広告代理店グレイ社により、こうした広告がアメリカ西部の11州を対象に展開されたという記述が『語り継ぎたいこと』チャレンジの50年（平成11年）本田技研工業株式会社発行に残されている。

素晴らしき人、ホンダに乗る
YOU MEET THE NICEST PEOPLE ON A HONDA

ホンダ（スーパーカブ）は信じられない安さです。たったの245ドル。

ガソリンも食いません。ほんの一口吸うだけです。なにしろ1ガロン（約3.8リットル）で200マイル（約320km）も走れます。

ホンダ・4ストローク・50cc・OHVエンジンは、泣き声ひとつあげずに、あなたを乗せて時速45マイル（約72km/h）で走ります。

3速トランスミッション、自動クラッチ、両輪カム・タイプ・ブレーキ付き。

プッシュボタン式自動スターターもオプションで装着可。

そんなことより、とにかくホンダに乗るのは楽しいこと。だからこそ、ホンダは売れるのです。

ちかごろ、あちこちでホンダに乗っている人を見かけるでしょう。そして、乗っているのは、みんないい人ばかり。

アメリカ・ホンダ・モーター・カンパニー
カリフォルニア州ガーデナ

（前頁の英文広告コピーの要訳）

HONDA50（現地名）として販売したスーパーカブのイメージ広告写真。
画期的な広告は、それまでのオートバイに対するイメージを一変させた。

HONDA50（CA100） 　世界戦略車としてアメリカをはじめとして大成功したモデル。

HONDA TRAIL CT200 　新たなる需要拡大をねらい、開発された90ccのトレイルカブ。

AUSTRALIA POST OFFICE CUB 　（空冷4サイクル単気筒・OHC105cc）
CT110をベースにした郵便局仕様車。オーストラリアでの使用を目的として開発されたモデル。

モンキーCZ100（1963年・空冷4サイクル単気筒・OHV49cc・最高出力4.3ps/9500rpm・始動キック・3速・国内未発売）
スーパーカブC100のエンジンとスポーツカブのシート等を流用し、新しいジャンルを開拓。ロングセラーとなったモンキー・シリーズの原型の
ひとつ。当初は多摩テックの遊技用として開発されたモデルで、製造・組立はハンドメイドに近く、生産台数は不明だが輸出されている。

ホンダ
スーパーカブC100
（1958年型）

この車両は、ホンダコレクションホールによって修復され、保管されている極めて初期のモデル。フロントカバーやフェンダー部などに利用されたプラスチック素材は、ブランド名で「ハイゼックス」と呼ばれていた。また、スロットルグリップは、通常右側であるが、当時のサービスマニュアルには、アクセサリー部品によって、左側に移動できることが書かれている。これは、さまざまな乗り手の条件に対応することを考慮して設定されたものと思われる。

スーパーカブC102は、C100にセルモーターを装備して1960年に発売。エンジンはセルモーターによる始動であるため、初期のモデルにはキックレバーは付いていなかった。

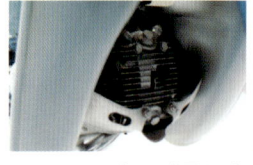

C100Eのエンジンは、水平より上向角10度の2バルブOHVを採用。ボア40mm×ストローク39mm・総排気量49cc・圧縮比8.5：1で4.5馬力を発生。最高速度70km/h、機関重量は15kgと発表されている。

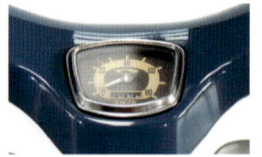

スチール製のステアリングハンドル部に埋め込まれたスピードメーター。写真ではわかりづらいが速度表示は、80km/hまでの表示で積算計は4桁表示。30km/hの部分には赤い線が入っている。

フューエルタンクにネジ止めされる金属製で、質感の高い立体型のエンブレム。

スーパーカブの特徴的なホーンカバーは、エアークリーナーカバーと共に高コストのアルミダイキャスト製。

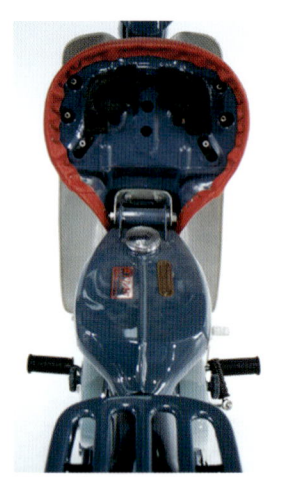

極初期のフューエルタンク上部が強度アップのための凹がなく、平面であることがわかる。シートを固定する吸盤も兼ねたシートラバーはホンダ独自のアイデア。

「フレームの主要部は厚さ2.3mmのパイプと板厚1mmの鋼板が溶接によって結合」と発表されていた。リアフェンダー中央の突起はデザイン上の理由からフロントフェンダーにも施されている。テールライトランプは2W、ウインカーランプは8Wでステーのない直付けタイプ。

OHCエンジンを搭載、新スタイルで登場
レンズ口径130mmの大型サイズのヘッドランプを採用
面積を拡大した楕円型テールランプを装着

ホンダ スーパーカブC50
[1966年]

- ■エンジン種類：空冷4サイクルOHC2バルブ単気筒
- ■総 排 気 量：49cc
- ■最 高 出 力：4.8PS/10000rpm
- ■変速機形式：自動遠心3段リターン
- ■車 両 重 量：69kg
- ■価 格（当時）：57000円

54年騒音規制に適合、新形状マフラーを装着
シフト・パターン[N-1-2-3]を採用
カモメ型ハンドルと燃料タンクを内蔵したボディを採用

ホンダ スーパーカブC50（デラックス）
[1978年]

- ■エンジン種類：空冷4サイクルOHC2バルブ単気筒
- ■総 排 気 量：49cc
- ■最 高 出 力：4.2PS/7000rpm
- ■変速機形式：自動遠心3段リターン
- ■車 両 重 量：75kg（データはスタンダード）
- ■価 格（当時）：112000円

大型タンクキャップを新たに採用
高出力の交流発電機によるヘッドライト（25W）を装着
従来のボルト締め別体タンクを装備している

ホンダ スーパーカブC70
[1978年]

- ■エンジン種類：空冷4サイクルOHC2バルブ単気筒
- ■総 排 気 量：72cc
- ■最 高 出 力：5.7PS/7000rpm
- ■変速機形式：自動遠心3段リターン
- ■車 両 重 量：84kg（データはデラックス セル付）
- ■価 格（当時）：113000円

CDI（電子点火装置）を装備
新ロータリー変速機構を採用
角度調整が容易なバックミラーを装着

ホンダ スーパーカブC70（デラックス）
[1981年]

- ■エンジン種類：空冷4サイクルOHC2バルブ単気筒
- ■総 排 気 量：72cc
- ■最 高 出 力：5.7PS/7000rpm
- ■変速機形式：自動遠心3段リターン
- ■車 両 重 量：80kg
- ■価 格（当時）：129000円

超低燃費（150km/L：30km/h定地走行テスト値）を実現
新設計4サイクル49ccエコノパワーエンジンを搭載
角型ヘッドライト、大型テールランプ、角型ウインカーランプを採用

ホンダ スーパーカブ50SDX
[1982年]

- ■エンジン種類：空冷4サイクルOHC2バルブ単気筒
- ■総 排 気 量：49cc
- ■最 高 出 力：5.5PS/9000rpm
- ■変速機形式：エコノミードライブ付新ロータリーチェンジ(4段)
- ■乾 燥 重 量：74kg(78kg)
- ■価 格(当時)：137000円(148000円)

※（ ）内はセル付き

12VのMF（メンテナンスフリー）バッテリーを採用
燃料タンク上部に、キー付タンクキャップを装備
ストライプ、フロントカバーエンブレムを一新

ホンダ スーパーカブ70（デラックス）
[1986年]

- ■エンジン種類：空冷4サイクルOHC2バルブ単気筒
- ■総 排 気 量：72cc
- ■最 高 出 力：6.0PS /7500rpm
- ■変速機形式：3段リターン
- ■乾 燥 重 量：77kg
- ■価 格(当時)：150000円

車体色は、深みのあるパールセーレンブルーを採用
30周年記念エンブレムをサイドカバーに装着
30周年記念特別仕様車として、限定5000台発売

ホンダ スーパーカブ
[1988年]　30周年記念特別仕様車

- ■エンジン種類：空冷4サイクルOHC2バルブ単気筒
- ■総 排 気 量：49cc
- ■最 高 出 力：4.5PS/7000rpm
- ■変速機形式：常時噛合式4段リターン
- ■乾 燥 重 量：82kg
- ■価 格(当時)：165000円

左側バックミラーを標準装備(50、70、90デラックス)
フロントカバーエンブレムを変更
ストライプのデザインを変更

ホンダ スーパーカブ90（デラックス）
[1991年]

- ■エンジン種類：空冷4サイクルOHC2バルブ単気筒
- ■総 排 気 量：85cc
- ■最 高 出 力：7.0PS/7000rpm
- ■変速機形式：常時噛合式3段リターン
- ■乾 燥 重 量：80kg
- ■価 格(当時)：168000円

1991年より白いサイドカバーをタイプにより装着
新デザインの円形ウインカーレンズを採用（カスタムを除く）
ヘッドライト周辺もデザインを変更

ホンダ スーパーカブ50（ビジネス）
［1993年］

- ■エンジン種類：空冷4サイクルOHC2バルブ単気筒
- ■総 排 気 量：49cc
- ■最 高 出 力：4.5PS/7000rpm
- ■変 速 機 形 式：常時噛合式 3段ロータリー
- ■乾 燥 重 量：74kg
- ■価 格（当時）：149000円

東南アジア市場向けに開発され、国内販売されたタイ製カブ
3分割式のフロントカバーを採用
車体色はグラニットブルーメタリックの1色のみ

ホンダ スーパーカブ100
［1995年］

- ■エンジン種類：空冷4サイクルOHC2バルブ単気筒
- ■総 排 気 量：97cc
- ■最 高 出 力：7.5PS/8000rpm
- ■変 速 機 形 式：常時噛合式4段リターン
- ■乾 燥 重 量：90kg
- ■価 格（当時）：215000円（日本価格）

シート底板の材質をスチールから樹脂製とした
左右のサイドカバー部に立体エンブレムを装着（デラックス、カスタム）
シート下側車体両サイドのストライプを変更

ホンダ スーパーカブ50（カスタム）
［1995年］

- ■エンジン種類：空冷4サイクルOHC2バルブ単気筒
- ■総 排 気 量：49cc
- ■最 高 出 力：4.5PS/7000rpm
- ■変 速 機 形 式：常時噛合式4段リターン
- ■乾 燥 重 量：78kg
- ■価 格（当時）：185000円

新開発の「TUFFUPチューブ」を採用
ボディカラーには、メタリック塗装でない明るいブルーを採用

ホンダ スーパーカブ50（スタンダード）
［1996年］

- ■エンジン種類：空冷4サイクルOHC2バルブ単気筒
- ■総 排 気 量：49cc
- ■最 高 出 力：4.5PS/7000rpm
- ■変 速 機 形 式：常時噛合式3段リターン
- ■乾 燥 重 量：74kg
- ■価 格（当時）：155000円

スーパーカブシリーズ全タイプにマフラーガードを新採用
車体色を濃青色のコスミックブルーに変更（50スタンダード）

ホンダ スーパーカブ50 (デラックス)
[1998年]

- ■エンジン種類：空冷4サイクルOHC2バルブ単気筒
- ■総 排 気 量：49cc
- ■最 高 出 力：4.5PS/7000rpm
- ■変速機形式：常時噛合式3段リターン
- ■乾 燥 重 量：75kg
- ■価 格 (当時)：165000円

キャブレターのセッティング変更などで、国内の排出ガス規制に適合
1998年よりフロントブレーキ・ドラム径をサイズアップ (70、90)
車体色は、スーパーカブ90デラックスとカスタムで4色を設定

ホンダ スーパーカブ90 (デラックス)
[2000年]

- ■エンジン種類：空冷4サイクルOHC2バルブ単気筒
- ■総 排 気 量：85cc
- ■最 高 出 力：7.0PS/7000rpm
- ■変速機形式：常時噛合式3段リターン
- ■乾 燥 重 量：82kg
- ■価 格 (当時)：177000円

電子制御燃料噴射システムを新たに搭載
エンジンのクランクケースカバーをシルバーからブラックに変更
車体色は、スーパーカブ50シリーズ全体で6色を設定

ホンダ スーパーカブ50 (スタンダード
[2007年]

- ■エンジン種類：空冷4サイクルOHC2バルブ単気筒
- ■総 排 気 量：49cc
- ■最 高 出 力：3.4PS/7000rpm
- ■変速機形式：常時噛合式3段リターン
- ■乾 燥 重 量：75kg
- ■価 格 (当時)：195000円

ボディカラーは専用色グラファイトブラックを設定
50周年記念エンブレムをサイドカバーに装着
2008年7月23日から8月30日までの受注期間限定モデル

ホンダ スーパーカブ50
[2008年]　50周年スペシャル

- ■エンジン種類：空冷4サイクルOHC2バルブ単気筒
- ■総 排 気 量：49cc
- ■最 高 出 力：3.4PS/7000rpm
- ■変速機形式：常時噛合式3段リターン
- ■乾 燥 重 量：75kg
- ■価 格 (当時)：195000円

前・後輪に14インチ小径ホイールを装備し足着き性などを向上
リアキャリアの高さも30mm（スーパーカブ比）低くした
カラーリングは3色を設定

ホンダ リトルカブ
［1997年］

- ■エンジン種類：空冷4サイクルOHC2バルブ単気筒
- ■総 排 気 量：49cc
- ■最 高 出 力：4.5PS/7000rpm
- ■変速機形式：常時噛合式3段リターン
- ■乾 燥 重 量：74kg
- ■価 格（当時）：159000円

スーパーカブC100をイメージしたマルエムブルーを採用
左・右のサイドカバーには赤いスペシャルエンブレムを装着
ホンダ創立50周年記念モデルとして、限定3000台発売

ホンダ リトルカブ
［1998年］ 50thアニバーサリースペシャル

- ■エンジン種類：空冷4サイクルOHC2バルブ単気筒
- ■総 排 気 量：49cc
- ■最 高 出 力：4.5PS/7000rpm
- ■変速機形式：常時噛合式3段リターン
- ■乾 燥 重 量：74kg
- ■価 格（当時）：159000円

ブローバイガス還元装置を採用、国内の新排出ガス規制に適合
馬力は0.5PSのダウン
サイドカバーのステッカーは廃止されている

ホンダ リトルカブ
［1999年］ （セルフスターター・キック併用タイプ）

- ■エンジン種類：空冷4サイクルOHC2バルブ単気筒
- ■総 排 気 量：49cc
- ■最 高 出 力：4.0PS/7000rpm
- ■変速機形式：常時噛合式4段リターン
- ■乾 燥 重 量：77kg
- ■価 格（当時）：184000円

白のボディカラーとスケルトン素材をレッグシールド部に採用
メッキ仕上げのサイドカバーを装着
キック式・セル式2タイプ合計で、限定3000台発売

ホンダ リトルカブ
［2000年］ 新春スペシャルモデル

- ■エンジン種類：空冷4サイクルOHC2バルブ単気筒
- ■総 排 気 量：49cc
- ■最 高 出 力：4.0PS/7000rpm
- ■変速機形式：常時噛合式3段リターン（常時噛合式4段リターン）
- ■乾 燥 重 量：75kg（77kg）
- ■価 格（当時）：169000円（189000円）

※（　）内はセルフスターター・キック併用タイプ

スペシャルカラーとしてピュアブラックを採用
シート色調をブラック×グレーのツートーンに変更している
キック式・セル式2タイプ合計で、限定4000台発売

ホンダ リトルカブ
[2000年]

- ■エンジン種類：空冷4サイクルOHC2バルブ単気筒
- ■総排気量：49cc
- ■最高出力：4.0PS /7000rpm
- ■変速機形式：常時噛合式3段リターン（常時噛合式4段リターン）
- ■乾燥重量：75kg（77kg）
- ■価格（当時）：169000円（189,000円）

※（ ）内はセルフスターター・キック併用タイプ

シルバーメッキの「Little Cub」立体エンブレムを装着
車体色には専用カラーのプコブルーを採用
キック式・セル式2タイプ合計で、限定2000台発売

ホンダ リトルカブ
[2005年] スペシャル

- ■エンジン種類：空冷4サイクルOHC2バルブ単気筒
- ■総排気量：49cc
- ■最高出力：4.0PS /7000rpm
- ■変速機形式：常時噛合式3段リターン（常時噛合式4段リターン）
- ■乾燥重量：75kg（77kg）
- ■価格（当時）：170000円（190000円）

※（ ）内はセルフスターター・キック併用タイプ

電子制御燃料噴射システム（PGM-FI）を新たに搭載
排出ガスを浄化する触媒装置をエキゾーストパイプ内部に装備
カラーリングは5色を設定

ホンダ リトルカブ
[2007年]

- ■エンジン種類：空冷4サイクルOHC2バルブ単気筒
- ■総排気量：49cc
- ■最高出力：3.4PS/7000rpm
- ■変速機形式：常時噛合式3段リターン（常時噛合式4段リターン）
- ■乾燥重量：75kg（77kg）
- ■価格（当時）：200000円（220000円）

※（ ）内はセルフスターター・キック併用タイプ

ボディカラーは鮮やかなパールコーラルリーフブルーを設定
シート表皮にはリードレッドを採用
2008年7月23日から8月30日までの受注期間限定モデル

ホンダ リトルカブ
[2008年] 50周年スペシャル

- ■エンジン種類：空冷4サイクルOHC2バルブ単気筒
- ■総排気量：49cc
- ■最高出力：3.4PS/7000rpm
- ■変速機形式：常時噛合式3段リターン
- ■乾燥重量：75kg
- ■価格（当時）：200000円

大型リア・キャリアと、フロントバスケットを標準装備
サブヘッドライトをフロントバスケットの前方に装備
3段ロータリーチェンジ機構を採用

ホンダ プレスカブ50 （スタンダード）
［1988年］

- ■エンジン種類：空冷4サイクルOHC2バルブ単気筒
- ■総 排 気 量：49cc
- ■最 高 出 力：4.5PS/7000rpm
- ■変速機形式：常時噛合式3段ロータリー
- ■乾 燥 重 量：82kg
- ■価 格（当時）：149000円

メインヘッドライトをフロントバスケット前部に装着
ポジションランプ内蔵のサブヘッドライトをハンドル中央部に配置
フロントウィンカーをフロントキャリア下部に移動

ホンダ プレスカブ50 （デラックス）
［1989年］

- ■エンジン種類：空冷4サイクルOHC2バルブ単気筒
- ■総 排 気 量：49cc
- ■最 高 出 力：4.5PS/7000rpm
- ■変速機形式：常時噛合式3段ロータリー
- ■乾 燥 重 量：82kg
- ■価 格（当時）：160000円

新開発の「TUFFUPチューブ」を標準装備
1991年よりフロントバスケットのパイプが大径化している
シート下とサイドカバー等のエンブレムのデザイン変更

ホンダ プレスカブ50 （スタンダード）
［1996年］

- ■エンジン種類：空冷4サイクルOHC2バルブ単気筒
- ■総 排 気 量：49cc
- ■最 高 出 力：4.5PS/7000rpm
- ■変速機形式：常時噛合式3段ロータリー
- ■乾 燥 重 量：82kg
- ■価 格（当時）：170000円

電子制御燃料噴射システムやキャタライザー等を新たに搭載
エンジンのクランクケースカバーがシルバーからブラックとなる
マフラー及びマフラーガードの形状を変更

ホンダ プレスカブ50 （スタンダード）
［2007年］

- ■エンジン種類：空冷4サイクルOHC2バルブ単気筒
- ■総 排 気 量：49cc
- ■最 高 出 力：3.4PS/7000rpm
- ■変速機形式：常時噛合式3段ロータリー
- ■乾 燥 重 量：83kg
- ■価 格（当時）：211000円

スーパーカブの生産工場

日本で供給されるすべてのスーパーカブが生産される九州にある本田技研工業（株）熊本製作所。プレスカブの生産ラインの一部であるが、生産ロボットなどの工程は意外に少なく、熟練した人間による作業によりスーパーカブは組み立てられているのである。

（写真は1997年に撮影）

スーパーカブのオプション部品と用品

実用性に優れていたスーパーカブは、日本で様々な仕事や商売に使用されているため、オプション部品や汎用製品が数多く作られている。

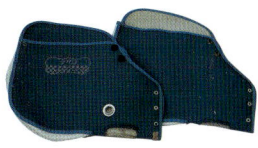

▲ Super Cubの文字が入っているが、このハンドルカバーは当時の汎用品らしい。販売台数が多かったためにネームも入れられていたと思われる。OHV時代のスーパーカブC100系モデル専用であり、透明窓の形状がウインカーに合致する。

▲ キャリアの上に装着し、荷台にもなり2人で乗る際にシートにもなる汎用部品。写真左はシート仕様時であり、前パイプはグリップになる。荷台時は、写真（右）のように左右を広げ、どちらも蝶ネジで固定する。シートのデザインや色調などから、60年代に売られていたものと思われる。

◀ 当時市販されていたバッグで、当時はハンターカブ用として活用されていたらしい。取り付けには専用のキャリアが必要となり、数箇所をホック止めして固定されるようになっている。もちろん肩ベルトで持ち運ぶことも可能である。写真のバッグは、新品同様の保管状態であり複製品の可能性もある。

▲ HONDAのロゴの入ったハンドルカバー。MD用として用意された純正品。左右のグリップ部及びスイッチ類をすべて納められ、寒風や雨に効果を発揮する。

◀ スーパーカブ用のピリオンシート。HONDAのロゴも古いものでやはりOHV時代のものと思われる。ベースはスチール製で塗装され、強度アップのプレスが入っている。シート幅は狭く後年のメッキされた純正キャリアには装着できないと思われる。

▲ オリジナルのシートに被せるシートカバーで、HONDAのロゴが60年代に使用されていたもので、その頃に販売されていたものだろう。汎用品かもしれない。現在メーカーから購入できるタイプは黒色のみだが、当時はボディカラーに合わせて様々な色が用意されていた。

1975年頃までのOHC時代のスーパーカブは、白と黒の2トーンのシートが採用されていたので、このピリオンシートもその時代に合わせたタイプだろう。このピリオンシートも塗装されている古いタイプのキャリアに直接装着するもので、伸縮する金属製の爪により簡単に脱着できた。

頻繁な停車や重量物の積載時に便利なスタンドとして開発されていたサイドスタンド。スイングアームとリアショック部に固定し、停車時に先の部分を足で踏み下げると停立。キャンセルは中央にあるレバーによって自動収納できた。

オーバーキャリアと呼び、汎用で用意されていた大型の荷台。純正キャリアの上から4本のネジで固定するもので、寸法は横幅275mm、縦は350mmある。このキャリアを装着することで積載能力はさらに高まった。

第33回（1999年）に催された東京モーターショーに市販予定車として参考出品された「Americubra（アメリカブラ）」。ベースになったのは小径14インチタイヤのリトルカブと思われるが市販されることはなく、幻のモデルとなった。

「Sporty Standard DRESS UP ITEMS Cubra & Con・Cept」としてホンダ純正部品を配給するホンダアクセスが提案したCubra（カブラ）。写真（左）のモデルは、「カブラスポーツ　4アイテム」（プラズマイエロー）。写真（右）のモデルは、50スタンダードをベースにした「カブラスポーツ　9アイテム」としてどちらも1996年に配布されていたカタログには限定バージョンとして紹介されている。

第❺章

『カブ・シリーズストーリー』
Super Cub Derivatives
1952年～2008年

カブ・シリーズは、誕生から現在まで数多くの改良・改善が加えられ、その完成度が高められると同時に、同型のエンジン等を流用し、用途に合わせてさまざまなモデルが生み出された。それらの派生モデルも含め、C型系のカブ・シリーズについて著名ジャーナリストが検証する。

小関　和夫
KAZUO OZEKI

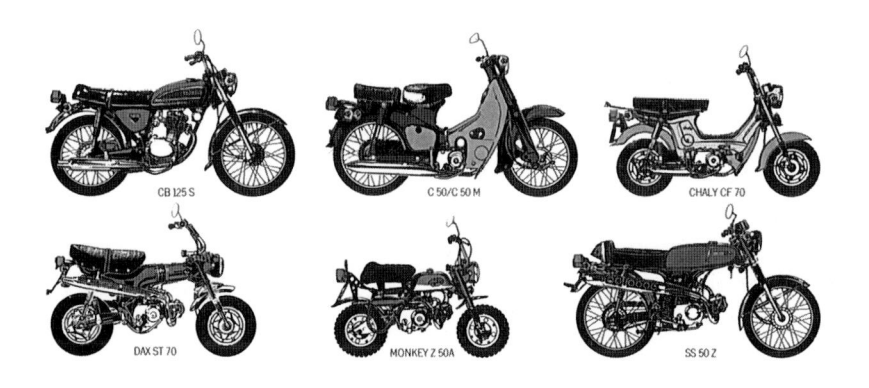

CB 125 S　　C 50/C 50 M　　CHALY CF 70

DAX ST 70　　MONKEY Z 50A　　SS 50 Z

カブF型自転車店にて発売開始、月産18,000台を記録

　国産2輪車が一般の人達に普及したのは、第二次世界大戦後といえた。戦前のモーターサイクルは、家が購入できる程の高価なもので、所有できたのは医者や商人の一部であった。まだ警察署にも白バイを配備しているのがめずらしい……。そんな日本において、戦後の'47年に自転車の車体にボルト・オンできるエンジンとして、“ホンダA型”が登場する。既存の自転車に取り付けるエンジンは、すでにヨーロッパでは戦前に姿をみせており、'26年のドイツ製ラップ50cc、'30年チェコのCZなどに例があった。その取付方法から、“クリップ・オン”と呼ばれ、ドイツ、イタリア、フランス、イギリスで戦後に普及した。海外では無免許で乗れたが、日本では戦後の第4種免許が正式には必要だった。

　免許が必要では、海外諸国のような自転車取付エンジンの普及は困難……と考えた通産省では、2輪車普及のため、“無免許による許可証”の制度を警察庁と運輸省に提言、'52年8月1日に新しく“原動機付自転車”が確立された。

　満14歳に達すれば、簡単な視聴力検査で誰でも“エンジン付自転車”に乗れることになった。排気量は海外の主流＝2サイクル50ccより、日本製は性能が劣ると考え2サイクルは60cc、2サイクルよりも理論的に出力が低いといわれた4サイクルは90ccに設定。エンジン単体のみの状態を“バイクモーター”、完成車は“モーターバイク”と呼ばれた。'50年頃の自転車は1台1万5千円程で、一流企業の月給が3千円程であったから、かなりの高額だった。もっとも、当時の商人達に人気の高かったスクーターは11.5万円であり、手の届かない存在ともいえた。

　ホンダは新法規に合わせて、'52年5月からF型エンジンの生産に入った。第1号機ともいえたA型の次期モデルとして登場したもので、エンジン搭載位置を走行安定性を高めるために車体後方の後車軸よりも下側へマウント、これにより一般自転車のフロント・フォークへの負荷が減少し、A型のような強化専用車体を必要としなくなった。駆動方式もVベルトでは雨天時のスリップ、未舗装路の磨耗が多かったためチェン駆動を採用、スプロケットはハブとスポーク部を介してボルトオンする方式であった。

ホンダ・カブ F型

(1952年・空冷2サイクル単気筒 40×39.8mm 50cc・最高出力1.0ps/3,600rpm・単速・始動ペダル・最高速度35km/h・車重6.0kg・価格25,000円) 白いタンクに赤いエンジンで月産18,000台を記録した。出力は最終タイプでは1.3psへアップ、価格も2.6万円になった。タンクは丸型と半月型の2タイプが造られた。

ホンダ・カブ 2F型

(1953年・空冷2サイクル単気筒 43×40mm 58cc・最高出力1.3ps/3,500rpm・単速・始動ペダル・最高速度45km/h・車重6.0kg・価格26,000円) ピース1本で三里…リッター110km走ると言われたカブ60はFM型とも呼ぶ。キャブレターは2種類あって、D型ダウンドラフト、M型ビリヤスタイプのいずれかを装着。最終型は1.8ps。

スズキ・スズモペットSM2

(1959年・空冷2サイクル単気筒 38×41mm 50cc・最高出力2.2ps/5,000rpm・単速・始動ペダル・最高速度50km/h・車重53kg・価格44,000円) モペット生産に先鞭をつけた代表車。1型は'58年5月発売。これは2型で駆動方式をベルトからチェーンに変更。10円のガソリンで20km走れた経済車。タイヤは2-24インチ。'59年3月発売。

F型の名称はカブ＝Cubと呼ばれた。ドリームD型に続く、"アルミ・ダイキャスト"のシリンダー、ヘッドやクランクケース等は、他社製品の砂型鋳造とは比較にならない程の仕上りと量産性を持つものであった。このため販売方式をドリームと同じようにしたのでは台数が出ない……と判断したのが藤沢武夫（当時専務）だった。ドリーム取扱店は400、しかし自転車販売店は5万5千にも及び、そのすべてにF型エンジンの取扱いを打診した手紙を出した。今日でいうDM（ダイレクト・メール）作戦は見事に成功、1万3,000軒が取扱うこととなった。

　量産そして発送時の効率を上げるため、A型では薦（こも＝ワラによるマット状に編んだもの）にくるみ、エンジン、プーリー、マフラーの3包みで出荷したが、F型ではスマートな段ボール箱を用いた。この発想は、工場見学時に藤沢夫人が"薦包み"をみて、"何とかならないの？"と提言。これを本田宗一郎に伝えたところ、"段ボールに収納しやすいエンジンやマフラー形状"にまとめられ、その結果、丸い白タンクに赤いエンジンが生み出されたのであった。

　カブF型は、空冷2サイクル水平単気筒ディフレクター吸入方式を採用、40×39.8mm、50cc、1ps/3,600rpmにて45km/h、重量6kgで価格2.5万円。当初50ccにしたのは、A型の設計を発展させたためで、クランクシャフトもA型同様の片持ち支持だった。'52年6月発売となったが、許可証制度によって2サイクルの60ccクラスが2カ月後に発布、9月から施行されたため、カブもF2型＝FM型60ccへとスケールアップ、43×40mm、58cc、1.8ps、45km/hとなった。'53年の価格は50cc2.6万、60ccが2.8万円となりスプロケット取付ハブも加えられ、月産も最盛期には18,000台を数えた。当時は月産50台程の小さなメーカーも含め、60社がバイクモーターを生産、年産26万台にも及んだ。

　カブF型のように、後部側面にマウントしたチェン駆動エンジン例は、世界的にみても数が少なく、'46年イタリア製アルピーノ、'49年フランス製バップや'50年イギリス製サイクルマスター等だったが、エンジンは2サイクルの直立や前傾型で、水平シリンダーはカブが初めてともいえた。カブF型の大ヒットで、後部マウントエンジンが日本にも多く誕生、BS、タス、トヨモーター、カワサキ、トーマス等が、その代表例であった。

東昌エコーSEI
(1958年・空冷2サイクル単気筒 38×44mm 50cc・最高出力2.5ps/5,500rpm・単速・始動リコイル式・最高速度55km/h・車重49.5kg・価格47,000円) トーハツの東京発動機とクルーザー、ホスクの昌和製作所の出資会社、東昌自動車工業が販売。リコイル式ハンドスターターで'58年10月デビュー。

クインサンライトジュニアS3
(1959年・空冷2サイクル単気筒 47×45.5mm 79cc・最高出力4.0ps/5,800rpm・単速・始動キック・最高速度65km/h・車重70kg・価格69,000円) '59～'60年代はスクーターとセミスクーターのブーム期にあり、サンライトはその代表。クロームメッキアルミシリンダー、20インチタイヤで注目された一台。

ホンダ・スーパーカブC100
(1958年・空冷4サイクル単気筒 40×39mm 49cc・最高出力4.5ps/9,500rpm・3速・始動キック・最高速度70km/h・車重55kg・価格55,000円) 4サイクル50ccで4.5psの高出力で登場、当時の125ccやスクーターに匹敵する性能を示した。独創的アイデアは、今日みても少しもヒケをとらない。

スーパーカブC100、驚異的な4.5psにてデビュー

　許可証所持者の増加で街中にモーターバイクの姿をみるようになり、さらに'55年4月に原動機付自転車が2系統となり、第1種＝50ccまで届出許可制＝14歳以上と第2種＝125ccまで届出許可制＝16歳以上に分けられた。発布は前年9月であり、各社は6カ月の間に125ccモデルを中心に開発、ホンダのベンリイが90→125ccになったのも、こうした法規改正によるものであった。

　カブF型は50ccのみの生産となるが、価格も1.5万円へと下げられた。他社の取付けエンジンは2〜3万円台と高価だったが、出力も2psにアップした新型を投入、カブも出力を1.3ps/3,500rpmへ高めて対抗した。また'52年9月に生産開始したホンダの汎用エンジンH型50cc、1.46ps/4,500rpmを用いて東京・荒川の大槻工業がオーツキ・ダンディ完成車を製作したり、大田区の日本ナット(株)ではF型エンジン付スクーターのオノウエ号を生産した。'56年をもってホンダの原動機付自転車の主力はベンリイ号へと絞られて、カブの市販は停止された。

　日本は神武景気のはじまりによって、通産省は指導の中心を4輪に格上げして国民車構想を発表し、2輪においては第1回全日本オートバイ耐久ロードレースが浅間高原にて開催される等、自動車産業全体が大きく躍進する時代へと突入した。当時のヨーロッパ諸国では、50cc完成車の普及率が高くなっており、自転車にエンジンを取付ける方式は姿を消した。

　フランスではモトベカーヌ、プジョー、ソレックス等の合計が年産89万台と世界一、西ドイツのNSU、ツュンダップ、クライドラー等の合計が62万台、イタリアのビアンキ、アルビーノ、ランブレッタ、モトム等が15万台、イギリスではカブF型に似たBSAウイングホイール、サイクルマスター、ビンセント、ファイアフライ等で合計4万台を生産していた。日本ではドイツで最も人気のあったクライドラーK51を、自転車メーカーの大日本機械工業がノックダウン、2.5ps/5,000rpm、55km/hの高性能ぶりを'51〜54年まで注文生産したが、1台13.8万円と国産150ccなみで、60ccの完成車の2倍もしたため多くは売れなかった。しかし、その優秀性は、当時15歳の浮谷東次郎が東京−大阪間を無故障走破して"がむしゃら1500km"で見事に実証したのである。

ホンダ・スーパーカブC102
(1964年・空冷4サイクル単気
筒 40×39mm 49cc・最高出力
4.5ps/9,500rpm・3速・始動セ
ル／キック・最高速度75km/h・
車重70kg・価格62,000円) 6V
11アン・ペアのバッテリー、
セルモーターを追加して'60
年4月登場。'64年に2トーン
シート、マフラーステー強
化等の改良が加えられた。
重量は装備時でC100より5kg
増であった。

ホンダ・ポートカブC241
(1964年・空冷4サイクル単気
筒 40×39mm 49cc・最高出力
2.3ps/5,700rpm・2速・始動キ
ック・最高速度50km/h・車重
55kg・価格43,000円) プレス
フレームと2段変速で注目さ
れたモデル。初期型C240は
'62年7月に登場した。'63年に
レッグシールドとフラッシ
ャー付のC241となり、'64年2
トーンシートに。

ホンダ・スーパーカブCM90
(1964年・空冷4サイクル単気
筒 49×46mm 86.7cc・最高出
力6.5ps/6,000rpm・3速・始動
キック・最高速度90km/h・車
重83kg・価格75,000円) 鋳鉄
ヘッドOHVモデルで、'64年
10月のモーターショー展示
時は価格未定であった。カ
ブの最大排気量で、タンク
も5.5ℓ、2.50-17インチの太
いタイヤを装着。

通産省とバイクモーターの団体だった陸用内燃機関協会は、こうしたヨーロッパの"モペット"事情を知るために、'56年10月に"欧州バイクモーター工業界調査団"を現地へ送り込んだ。

ロンドン、フランクフルト、ミラノのモーターショーを含むイギリス、ドイツ、イタリア、フランス、ベルギー、スイス、スウェーデン、オランダの8カ国を視察した結果、各社がモペットの開発に入った。モペットとは、エンジンを意味するモーターと、自転車と同じペダルを組み合わせた(MOTOR ＋ PEDAL ＝ MOPED)造語であった。ペダル付なら欧州では15歳になれば無免許で乗ることができた。ただし出力を1.5ps程に押さえられて、道路上の扱いも自転車に準じた。日本の50cc完成車として知られるオーツキ・ダンディはペダルはなくオートバイの小型版だったが、タイヤは26インチと大径であった。まだタイヤに関しては、世界的にみても自転車ベースのサイズしかなかったのである。

欧州視察団の成果は'57年9月デビューのタス・モーペッド、'58年5月のスズキ・スズモペットの完成車に反映された。いずれもペダル付、24インチタイヤでヨーロッパのモペットを、そのまま日本で生産したようなスタイルであった。本田宗一郎と藤沢武夫の2人が欧州視察に向かった時、社長はスクーター、専務はモペットの次期モデルを考えていたという。しかし、ドイツ・ハンブルグ市でみたモペットには、どうもピンとくるスタイルがなかった。"ヨーロッパの良い道路で使うにはいいが、日本にはマッチしない、パワーも不足している……"との本田宗一郎の欧州製モペットに対する印象があった。

当時の日本は公道舗装率、わずかに6%で、雨が降ると泥だらけ、晴天ならデコボコ道だった。こうした当時の日本の実情に合致させたモペットⓂ1Xの開発が'57年1月にスタートした。まずエンジンに着手したが、水平シリンダーではなく前傾45°近いレイアウトで、続く車体設計は2月から始まった。

参考車として、欧州で最も豪華といわれたツュンダップ・タイプ423をチェック、ホンダ技術陣の車体への考えはダイキャスト製によるフレームやサドル部、リヤキャリア付の大胆なもので、実際に鋳物によるプロトタイプが製作された。当初フロントフォーク、フェンダー等は、同時進行していたドリーム

ホンダ・スーパーカブC65
(1965年・空冷4サイクル単気筒 44×41.4mm 63cc・最高出力5.5ps/9,000rpm・3速・始動キック・最高速度85km/h・車重73kg・価格63,000円)'65年の9月、SOHCスーパーカブの第1弾C65が登場、ヒル付はCD65と呼ばれた。'66年5月には新スタイルのC65、価格6万円へ引き下げられ、セル付はCM65となった。

ホンダ・スーパーカブC50
(1966年・空冷4サイクル単気筒 39×41.4mm 49cc・最高出力4.8ps/10,000rpm・3速・始動キック・最高速度75km/h・車重69kg・価格57,000円)C100の後継車で、SOHC。'66年5月にC65、セル付のC50MとC60M。6月にC90が揃って同一スタイルへ変身を遂げた。50、65はツートンシートであった。

ホンダ・スーパーカブC50
(1978年・空冷4サイクル単気筒 39×41.4mm 49cc・最高出力4.5ps/9,000rpm・3速・始動キック・車重74kg・価格100,000円)'70年代後半には、フレーム内にタンク収納のデラックスも加えられたが、標準型も生産。中央部で溶接・結合されていたマフラーは、メガホン形状のマフラーとなる。

C70／75系と同様に角ばっていた。タンクもステアリングヘッド部直後に楕円形のものがマウントされ、後に市販されたC100とは別モデルのイメージだった。プレスバックボーン・フレーム方式も検討されたが、コストの面で見送られた。

　その結果フレームのメインはツュンダップ同様のパイプを採用、エンジンマウント部分からプレス製に決定、またタンクはシートの下へと移され、エンジンもオイル飛沫潤滑方式を考慮した結果、水平シリンダー配置となった。タイヤサイズは、小径のセミスクーター型も検討されたが、走行安定性の面から見送られ、また泥ハネを防止するために、レッグシールド的フロントカバーが加えられた。

　こうして⑩2Xになると、ほぼスーパーカブに近いデザインが与えられた。フロントカバーの型状は、アンダーボーンのフレーム、エアクリーナーからエンジン部周辺を被う"深絞り"になるため、使用材料はホンダ・ジュノオK型スクーターと同じFRPとして考えられたが、新しいプラスチックス素材の硬質ポリエチレンが、大量生産に最適なことを知り検討に入った。

　ところがC100の生産は埼玉製作所大和工場にて'58年6月立上がりのためフロントカバーは初期3,000台のみFRP、ヘッドライトケースはアルミダイカスト、フロントフェンダー、左右ボックスは鋼板プレス製のモデルが造られ、'59年から全ポリエステル部品が生産ラインで組みつけられたのである。

　スーパーカブC100の発売は'58年8月であったが、空冷4サイクルOHV単気筒49ccエンジンの出力が、4.5ps/9,500rpm、0.35kg-m/8,000rpmであることに関係者達はア然とした。ホンの数年前まで"2サイクルより4サイクルの方が同一排気量で出力が少ない"と排気量差をつけていたのが、"逆転"したからだ。

　なにしろ2サイクルの90ccクラスでも4〜5psで65〜75km/h、価格は6.5〜8万円であったのが、50ccで同等以上、自動遠心クラッチの3速ミッションも、"ペダルが動けば変速が自由にできる"という方式で、当時としては画期的なものであった。発売に際して本田宗一郎は"目標月産3万台"と公表した。これは藤沢武夫の進言によるものであった。

　C100の生産は'59年5月に1万台を超え、12月2万台と倍増した。'60年5月から

ホンダ・スーパーカブ50ス
ーパーカスタム
(1983年・空冷4サイクル単気
筒 39×41.4mm 49cc・最高出
力4.5ps/7,000rpm・4速・始動
キック・車重78kg・価格
146,000円) 30km/h時にリッ
ターあたり180kmも走るエコ
ノミーモデルがスーパーカ
スタム、セル付も157,000円
にて販売。4速化され、直線
スタイルとなる。

ホンダ・CUB 100EX
(1988年・空冷4サイクル単気
筒 50×49.5mm 97cc・最高出
力8.0ps/8,000rpm・4速・始動
キック・車重93kg・価格
210,000円) スーパーカスタム
系の直線ボディスタイルに、
新開発100cc SOHCエンジン
を搭載。カブ30周年を記念
する意味でタイホンダから
輸入。

ホンダ・TRAIL CT90
(1968年・空冷4サイクル単気
筒 50×45.6mm 89.6cc・最高出
力7.0ps/8,500rpm・8速・始動
キック・最高速度90km/h・車
重82kg) 国内向けCT50やOHV
のCT200との違いは、フロン
トのテレスコピックフォー
ク。これは'68年のプロトで、
アップフェンダー。量産車
は'69年1月から発売された。

スーパー カブ号

本田技研工業株式会社

スーパーカブC100の極めて初期の型。

FRP製のフロントカバーと思われ、量産モデルとは形状が異なる。OHV型エンジンのシリンダーヘッドも冷却フィンが入った仕様で、シートも肉厚の薄いサドル型に近いタイプである。このシート形状には本田社長の強い意向で、生産型に採用された厚みのあるシートに変更されたという。特に異例と思われるのは、市販型とは逆の左側にブレーキレバーとスイッチ類が取り付けられていることで、片手運転の検討のためかもしくは別の理由により、このような左レバーのモデルが試作されていたことは興味深い。

左下の写真はアルミダイキャスト製のヘッドライトケースで、CUB'Sクラブが所有しているもの。

C100系フレーム号期別変更時期（1958年以後）

C100-58-10001〜C100-59-31700（初期号車、エアーインテーク形状変更）

C100-59-31701〜C100-60-189615-40600（ブレーキ廻りの変更、トルクロッドの場所など）

C100-60-189616〜C100-M014689-40601〜（尾灯などの大幅変更）

C100-M014690〜C100-S096605（最終号車、マフラーなどの変更）

資料提供／CUB'S CLUB

ホンダ・CT50
（1968年・空冷4サイクル単気
筒 39×41.4mm 49cc・最高出
力4.8ps/10,000rpm・6速・始動
キック・最高速度70km/h・車
重71.5kg・価格65,000円）OHV
のハンター・カブの後継車、
3×2＝6速の副変速機付。オ
プションの各種キャリア、
補助ガソリンタンクも用意
された。キャブレター等が
C50と異なっていた。

ホンダ・CT110
（1981年・空冷4サイクル単気
筒 52×49.5mm 105cc・最高出
力7.6ps/7,500rpm・4速・始動
キック・車重87kg・価格
159,000円）輸出向けのトレー
ル110の国内モデル。副変速
機がない以外は、海外向け
とほぼ同じで "トレッキン
グバイク" として人気を得
た。タイヤは2.75-17ブロッ
クパターン。

ホンダ・ハンターカブラ
（1997年・空冷4サイクル単気
筒 39×41.4mm 49cc・最高出
力4.5ps/7,000rpm・3速・始動
キック・車重78kg・価格未定）
スーパーカブのカスタムとし
て親しまれている "カブラ"
の仲間。'95年モーターショ
ー出品車で、ホンダアクセ
スが'97年に発売を計画。か
つてのハンターカブやCT50
の現代版。〔参考出品車〕

エンジン組立てが鈴鹿製作所にて稼動開始され、月産も一気に4万台を超えた。さらに車体アッセンブルも鈴鹿へ移管された10月に5万台、11月6万台、'61年2月には7万台を記録したのである。

'60年4月から、スーパーカブにセルモーターを装着したC102を投入、2サイクル勢のセルダイナモ方式に対抗した。クランクケース上にホンダ車独特の円筒型始動モーターが装着され、6V2A→11Aへバッテリーが大型化、重量が65→70kg（乾燥重量値）へ増えた。

C102ではポリエチレンの顔料が変えられ、薄いブルー系から明るいクリーム色へ変った。これはポリエチレン射出成型機を導入、社内製作としたことによる成果でもあった。プラスチックスをモペットに使用するアイデアは他社にも影響を与え、ヤマハモペット、クインサンライト、ラビット・スカーレット、スズキ・セルペット等が車体部品にポリエチレンを主体として用いた。しかもその多くが女性にも乗車できるようなオープンフレームやスクーターで、いずれもC100デビュー以降に登場し、影響を受けたのはいうまでもなかった。

'58年の生産トップはC100より4カ月早く発売されたスズキ・スズモペット、2位C100、3位マルウチモペット、4位タス・モーペッドの順だった。

'59年になると生産台数2位には山口オートペットが台頭した。スーパーカブと異なる完全なるオートバイスタイルで、出力は2サイクルで2.8ps/6500rpmと低く65km/hの性能だったが、唯一50ccモペットで本格的モーターサイクル感覚を味わえることからヒット作となった。

ホンダはモペットの中でも、最も高性能なC100が'59年11月のアサマ・クラブマンレースにおいて上位を独占したのを機会に、スーパースポーツ車C110シリーズの設計に入った。ヨーロッパにおいても、モペットの主流はセミスクーターやオープンタイプのスタイルから、完全なモーターサイクルのスーパースポーツへと移行しつつあった。'60年にはドイツのホッケンハイムにて"モトカップ"が開催され、クライドラーやモリーニの工場レーサーがトップ争いを展開、イギリスでもイトムによるレースが行われていた。

完全なスーパースポーツ車として知られたイタリアのイトムは、前傾2サイ

ホンダ・モンキーCZ100

（1963年・空冷4サイクル単気筒 40×39mm 49cc・最高出力4.3ps/9,500rpm・3速・始動キック）東京の多摩テックにおける周回コース用のモンキーZ100をベースに、C111系パーツを使用した公道走行用の輸出車。ヨーロッパが主仕向地。今日でもモンキーマニア達のステイタス車である。

ホンダ・モンキーZ50M

（1967年・空冷4サイクル単気筒 39×41.4mm 49cc・最高出力2.5ps/6,000rpm・3速・始動キック・最高速度45km/h・車重47.5kg・価格63,000円）カブ系エンジンのSOHC化にともない、CZ100の本格量産車として'67年3月に国内初登場。折りたたみ式で自動車のトランクに収納できるように、全長1,145mmと小型だった。

ホンダ・モンキーZ50M

（1967年・空冷4サイクル単気筒 39×41.4mm 49cc・最高出力2.5ps/6,000rpm・3速・始動キック・最高速度45km/h・車重47.5kg）モンキーZ50Mのフランス仕様車で、大型ヘッドランプとダウン・エキゾーストが特徴。折りたたみ時の寸法は全長119.1、全高65cm。ガソリンキャップは燃料洩れ防止式。（写真のモデルはフランス仕様）

クル単気筒49.5cc、3.2ps/8,500rpm、三段変速ながら実測で89km/hをマーク、マセラティ50T2SSは104km/hのデータを公表していた。ヨーロッパの一流スーパースポーツのサンプルとして、通産省が参考品として'60年5月に輸入したのがマセラティ57SSSで、各メーカー間を巡回して技術者達にチェックされた。

　モーターサイクル型は山口オートペット、ミリオンサンライトが'59年に登場し、続いて片倉シルクペット、光モペット、ゼブラペットが山口系車体と東京・立川のガスデン製エンジンを全車用いて参入し、タスもダイナペット、BSもチャンピオンIIでオープン型からイメージチェンジをはかって成功した。タス以外は自転車メーカーの製品だった。トーハツもランペットをデビューさせ、'60年9月の宇都宮でのクラブマンレースに工場レーサーを走らせ1～3位を独占、スーパーカブは6位がやっとの状況であった。

　ホンダではすでにC110スポーツカブの開発に入っており、9月に発売したがレースには間に合わなかった。C100のエンジンを手動クラッチ作動に変更、車体はCB92同様のプレスバックボーンを採用、フォークはC100系ボトムリンクを改良した。

　エンジンは"世界を狙って開発されたGPレーサーのRC141＝2バルブヘッド"の吸排気・脈動効果のデータを解析、水平シリンダーから長いインテークパイプを持ち、フレーム部マウントのキャブレターをセットする……という独特のレイアウトを採用、圧縮比8.5→9.5にアップ、カムを変更して5.0ps/9,500rpmのクラス最強パワーと0.39kg-m/8,000rpmのトルクを出すことに成功した。

　性能は85km/hのカタログ値であったが実測で90km/hに届いた。外観は鮮やかなブルーの車体にクリーム色の塗りタンク、サイドカバーに、セミアップマフラーのメッキがほど良く対比していた。リヤフェンダーはCBと同じようにマッドガードが装着され、スーパースポーツムード十分であった。

　またC100に乗り慣れた人達にC110ムードを味わってもらうため、シートをセミダブルからシングル＋荷台付に、マフラーもダウンにした実用タイプのC111も加えた。またC110にも荷台付が欲しいとの声も多くC110Sも加えられてゆくことになった。

ホンダ・QA50

(1970年・空冷4サイクル単気筒 40×39mm 49cc・最高出力1.8ps/5,000rpm・2速・始動キック・車重39kg)ポートカブのエンジンをモンキーZ50Aベースの車体に搭載、子供向けに輸出したモデル。'70〜'72年はサドルシート、'73〜'75年はベンチシートとなる。灯火類のないオフロード専用車。

ホンダ・ニューモンキーZ50A

(1969年・空冷4サイクル単気筒 39×41.4mm 49cc・最高出力2.6ps/7,000rpm・3速・始動キック・最高速度50km/h・車重55kg・価格63,000円)自転車なみの両手操作ブレーキを持ち、タイヤも大径化した3.50-8インチを装着。名称もニューモンキーとして'69年7月に登場したのがZ50Aだ。対米向けはアップエキゾーストを装着。

ホンダ・MINI TRAIL

(1972年・空冷4サイクル単気筒 39×41.4mm 49cc・最高出力2.6ps/7,000rpm・3速・始動キック・最高速度50km/h・車重58kg)アメリカ向けのモンキーは、名称がミニトレールと変わって'68年から発売、'72年1月発売のモデルからリヤ・スイングアームとなる。型式はZ50AのK3で、以降'78年まで、カラー変更で推移。

55ccスーパーカブ、カブレーシング、モンキー登場

　50ccモペットの増加にともない、'60年12月20日から新道路交通法が施行され、原動機付自転車の許可証が廃止、免許証が必要となった。それまで視聴力、色別、身体障害検査などの適性検査のみであった許可証から、学科試験が行われ、第2種原付に関しては技能＝実施検査が行われるようになった。

　年令が16歳以上に引き上げられ、学科試験の合格率が30%以下といった状況で50ccクラスの新規需要が望めなくなった。業界では警察庁に対し"免許試験の簡易化"を要望した。その理由は学科が軽2輪と同じレベルであったためだ。ただし、原付にはまだ保険等が一切なく、税金のみを払うだけでよかった。50ccまで500円、90ccまで800円、125ccまで1,000円で済んだ。法定速度も50ccは25→30km/hへアップ、51cc以上は、それまでの軽2輪と同じ40km/hとなり、2人乗りに加えて、交差点中央からの右折が可能で自動2輪車とほぼ同じ扱いに変わった。

　このため80〜90ccクラスの、それまで中間排気量車として人気がなかったモデルが生産台数を大きく引き上げた。80〜90ccクラスを持たないメーカーは、とりあえず50ccをボアアップ、52〜60ccに排気量アップして、タンデムシートとステップを追加しただけの第2種原付に着手したのであった。ミヤタ、山口、トーハツ、ヤマハ、スズキ、BSが市場参入したが、50ccと差別化するため、タンク側面を塗装からクロームメッキ処理を施して、塗色を変更して対応したものが多かった。

　もっとも51cc以上はフロントフェンダー部先端が白く塗られ、リヤフェンダー後部に白い三角マークがあることで"原付2種"の見分けが可能だった。

　ホンダでも'61年8月にスーパーカブC105を55ccとして発売した。ボアを40→42mmにした54cc、出力は5ps/9,500rpm、75km/hで価格は2,000円アップの57,000円となった。

　車体色はブルー系からブラウン系に、テールランプも大型化された。スポーツカブ系も同様にC115を投入し54cc、5.5psに向上したが、カムも専用のものが開発され、トルクはC105の0.38→0.421kg-mへと大きくなった。外観は初期

ホンダ・モンキーZ50J
(1974年・空冷4サイクル単気
筒 39×41.4mm 49cc・最高出
力2.6ps/7,000rpm・3速・始動
キック・最高速度50km/h・車
重58kg・価格89,000円) リヤ・
リジッドから、スイングアー
ムになった国内向けモン
キーは'74年2月にデビュー、
リアキャリアもついて実用
性が高まる。'75年5月には
Z50J-II、車重61kg、98,000円
となる。

ホンダ・ゴリラZ50J-III
(1978年・空冷4サイクル単気
筒 39×41.4mm 49cc・最高出
力2.6ps/7,000rpm・4速・始動
キック・車重67kg・価格
108,000円) モンキーをベース
に、大容量9ℓ燃料タンクを
はじめ、フロント＆リヤキ
ャリアを装備したゴリラが
'78年8月から販売された。ロ
ングランにも対応した手動
クラッチ、4速ミッションを
持つ。

ホンダ・ゴリラスペシャル
(1988年・空冷4サイクル単気
筒 39×41.4mm 49cc・最高出
力3.1ps/7,500rpm・4速・始動
キック・車重67kg・価格
131,000円) ゴリラの限定車は
'81年3月にブラック仕様をリ
リース。'88年1月にホワイト
スペシャル仕様を発表、ク
ロームメッキキャリア付の
新春スペシャルモデル。一
部地域限定車。

の1カ月あまりは塗りタンクのままであったが、'61年10月のモーターショーにはメッキタンク付C115が展示され市販に入った。また55ccバリエーションとしてセル付のCD105、シングルシートのC115S型も加えられた。

'61年モーターショーの会場には、カブ系エンジンを用いたモンキーの多摩テック・バージョンをはじめ "新聞配達カブ" や "レジャーカブ"、アメリカ向けのハンターカブCA100T、そしてカブ・レーサーRC110も展示された。

ホンダでは'61年3月に、スーパーカブを全国の中学校1万2,210校、高校3,243校の計1万5,453校へ教材として1台ずつ寄贈することを決定した。総額5億1,000万円にもなったが、これ以外のプランとしてCR110、93の発売をはじめ、アメリカ・ユタ州ボンネビル乾塩湖コースでの50cc世界絶対速度記録195km/hを打ち破るべく計画を進めている……等々も含まれていた。

一般ライダー達へ "GPレーサーに乗れる" という期待を抱かせたのが、'62年6月から市販に入ったカブ・レーシングCR110だった。ホンダのスーパースポーツ系はCB92／95そしてCR71達が'60年のクラブマンレースまで活躍したものの、'61年7月のクラブマン＝埼玉・入間のジョンソン基地のレースでは125ccのCB92が6、8位にとどまり、250ccクラスはCRに代わってCB72が主力となって1位を得た。CB92は2サイクル勢に歯が立たず、50ccクラスのスポーツカブC110も11、13位。こうした状況は、ホンダ技術陣も予測した上でのCR110、93の投入であった。中でもCR110は50ccクラスということで、一般ライダーにも "乗りこなせる" という印象を与えた。

40×39mm、49ccのデータはカブ系と同じ、DOHC4バルブ、カムギアトレインを採用、圧縮比を10.3に上げて7ps/12,700rpm、0.4kg-m/11,000rpm、5段変速による100km/hがベース車のデータだった。チューニングで8ps/14,000rpm以上、130km/hは可能と発表、マン島TTレースでは9位に入った。

'62年7月の九州・雁ノ巣でのクラブマンレースに国内初登場し、1-2フィニッシュ、11月のスズカサーキット・オープンレースでも1-3位を独占したのである。

ホンダ・Z50R

(1981年・空冷4サイクル単気筒 39×41.4mm 49cc・最高出力2.5ps/7,000rpm・3速・始動キック・車重49.5kg) アメリカンホンダ向けキッズバイクであるZ50Rの投入は'79年から始まり、タヒチアンレッドカラー車が'81年まで。'82年からブレーズレッドに変わった。

ホンダ・モンキーZ50J-I

(1978年・空冷4サイクル単気筒 39×41.4mm 49cc・最高出力2.6ps/7,000rpm・3速・始動キック・車重63kg・価格100,000円) 旧モンキーおよびミニトレール時代のイメージを一新、ティアドロップ5ℓタンクと大型サドルシートを装着したニュースタイリング車で'78年8月発売。

ホンダ・モンキースペシャル

(1988年・空冷4サイクル単気筒 39×41.4mm 49cc・最高出力3.1ps/6,000rpm・4速・始動キック・車重58kg・価格125,000円) ホワイト・スペシャルの名称で'88年2月、ゴリラと共に"新春バージョン"限定車として登場。シートの仕上げ等がノーマル車と異なる。一部地域限定車。

ナイセスト・ピープル、ホンダに乗る

スーパーカブの生産累計は、'61年に100万台、'62年200万台、'63年には300万台にもなった。この原動力となったのがアメリカにおける広告キャンペーンであり、それまでアメリカの一般人が持つ"2輪車は皮ジャンを着たアウトロー達の乗り物で汚ない"といったイメージを、見事に打破した。

"You meet the nicest people on a Honda"のキャッチフレーズと、スーパーカブに乗る様々な人達のカラフルなイラストによる広告を、大型グラフ誌のライフやルック等の一般誌に掲載したのである。'59年6月に設立されたアメリカン・ホンダモーターは、当初ドリームC70(250cc)とC75(305cc)を発売、スーパーカブを本格的に売り出すプランをアメリカの広告代理店に競作させたのであった。

その結果グレイ社がナイセスト・ピープルを提案、これを採用し、見事な成功を収めた。"ホンダに乗れば素晴らしい人に会える"キャンペーンは、日本国内においては'63年10月のモーターショー会場からスタートした。"世界のナイセスト・ピープル、ホンダに乗る"の大きなパネルの前にスーパーカブが10台以上展示された。国内でも一般週刊誌にてキャンペーンが実施され、ホンダへの関心がより高まったのであった。

このキャンペーンの渦中、'62年7月に国内投入されたのがポートカブC240だった。"画期的な低価格車"としてスーパーカブの要素を持ちつつも、メカニズムを凝縮した……ともいえるモデルだ。"世界の多くの皆様に、手軽な乗り物として完成された新製品"とPR、初心者向けに2速で50km/hに抑えた制限速度とフロントカバーを外した、プレスバックボーンによるシンプルなスタイルが特徴だった。

ポートは港という意味で、世界の港へ輸出、飛躍するカブとして命名、価格は4.3万円に設定、エンジンも鋳鉄ヘッドでコストダウンを狙ったが、初期型はバッテリーを搭載しなかったためフラッシャーもなく不評、'63年後期型からレッグシールド、フラッシャーを追加、C241として売り出した。

ポートカブの企画は成功したとはいえなかったが、1ℓで100km走るという経

ホンダ・モンキー
(1990年・空冷4サイクル単気筒 39×41.4mm 49cc・最高出力3.1ps/6,000rpm・4速・始動キック・車重58kg・価格132,000円) モンキーのブラック・スペシャル新春バージョンで'90年2月発売の限定車。'81年以来のブラックで、ホイールまでもブラックとなったのは、このモデルが初めてだった。

ホンダ・モンキーリミテッド
(1996年・空冷4サイクル単気筒 39×41.4mm 49cc・最高出力3.1ps/6,000rpm・4速・始動キック・車重58kg・価格239,000円) ボディパーツをゴールドメッキにした"東京スペシャル"が'84年9月に登場して以来、マニア好みとなったモデルで、'96年1月リリース。丸型タンクマークは初代Z50Mのレプリカ。

ホンダ・モンキーR
(1987年・空冷4サイクル単気筒 39×41.4mm 49cc・最高出力4.5ps/8,500rpm・4速・始動キック・車重73kg・価格159,000円) レーサーレプリカブームを反映し、'87年3月に発売。ツインチューブフレームを採用、エンジン出力を4.5psにアップ、フロント部のディスクブレーキ化で、モンキーの新しいイメージを確立した。

済性を持たせたポリシーは、後のスーパーカブ・エコノパワーへと受け継がれてゆくことになる。

OHVからSOHCへメカニズムを一新

　スポーツカブは'62年10月、よりスポーティーなライディングを楽しめるように、ミッションを4速にした。国内向けは当初ブルー、'63年にブラックとなったが、輸出向けはレッドとホワイトもあり、アメリカ向けの機種名もC110→CA110へ変更され、'69年まで販売されてゆく。

　国内市場において50ccベースだった中間排気量車が、専用設計モデルのスズキK80、ヤマハ75YG1で人気を得たため、ホンダでは税金が800円までのフルスケール90ccモデルをOHVにて開発、'63年5月にホンダ90、C200として発売した。排気量は49×46mm、86.7ccで圧縮比は鋳鉄シリンダーのため8.0として6.5ps/8,000rpm、0.654kg-m/6,000rpmとホンダ車としては実用的セッティング、車重85.5kgから90km/hをマークした。登坂力を重視した設計で、C115の14°、C92の10°よりも強力な18°に向上、ドリーム250と同レベルでネバリ強さが特徴だった。オイル潤滑もカブ系の飛沫式から、ギアポンプを設けて強制圧送の本格派に、クラッチ系もC115の湿式単板から多板へと強化、アメリカではツーリングモデルとしてダブルシート付で販売された。

　'64年に入ると2輪メーカーは、ホンダ以外ではヤマハ、スズキ、カワサキ、ブリヂストン、ライラック、三菱、富士重工業の8社のみとなりトーハツ、山口モーターは姿を消した。カワサキは中間排気量の85J1を7.5ps、90km/h、ブリヂストンもBS90を7.8ps、95km/hといずれもC200を上回るハイパワーの2サイクルロータリーディスクバルブ吸入車を投入した。

　この頃から"90ccブーム"が訪れ、リーダーシップ車としてホンダもCS90を'64年7月に発売。Tボーンフレームによる別体リヤフェンダーと、タイヤ径を18にインチアップした軽快でスマートなデザイン、水平シリンダーでは初めてのSOHCアルミシリンダー&ヘッドを採用。50×45.6mmの超ショートストローク89.6cc、圧縮比8.2から8.0ps/9,500rpm、0.65kg-m/8,000rpmのクラス最強の出力

ホンダ・モンキーRT

(1988年・空冷4サイクル単気筒 39×41.4mm 49cc・最高出力4.5ps/8,500rpm・4速・始動キック・車重75kg・価格165,000円) モンキーRのツーリングバージョンで、ハンドル幅と高さを10cmずつ大きくして'88年3月に発売。ステップ位置、シートも異なることに注目。アメリカでもZB50として3速車がリリースされた。

ホンダ・モンキー・バハ

(1991年・空冷4サイクル単気筒 39×41.4mm 49cc・最高出力3.1ps/7,500rpm・4速・始動キック・車重55kg・価格159,000円) XLR-BAJA(バハ)と同一イメージでまとめられたモンキーのオフロード車。15Wデュアルヘッドライトやバッテリーレス化などのメカニズムを満載。ベースはアメリカ向けの'88年以降のZ50R。

ホンダ・Z50R

(1992年・空冷4サイクル単気筒 39×41.4mm 49cc・最高出力3.1ps/8,500rpm・3速・始動キック・車重49.5kg・価格139,000円) モンキー・バハのベースとなったZ50Rは、アメリカンホンダ向けが最初であった。'88年からXLRスタイルのタンク・シートに一新され、'92年11月より国内にも投入。保安部品がないので公道走行不可。

を得た結果、100km/hをマークできる初の90ccとなった。

　CS90とほぼ同時に開発に入ったのが、カブ系50～65ccのSOHCユニットだった。しかしC100系OHVエンジンの生産加工ラインの流用をはじめ、重量軽減、耐久性と静粛性の向上……等々の開発に加えて"排気量アップ"が可能なこと……といった点を検討するのに時間がかかり、設計も変更をくり返した結果、第1弾のスポーツカブCS65のデビューは'64年12月になった。スーパーカブC65も同時に発売、"380万台の信頼と実績を得たニューモデル"とアピール、初のカブ系SOHCの自信の程をうかがわせるものであった。

　エンジンは自動カムテンショナーを持つチェン駆動で44×41.4mm、62.95ccはストローク値が0.4mm多い以外はベンリイC90～CB92～CB125系と共通で、125ccツインをシングルにしたプロトタイプで開発がスタートした。当初はホンダCS90と同じ、ヘッド部カムシャフト軸にポイントが位置したが、コスト等により、フライホイール部に遠心ガバナーを設けてエンジンの高回転化に対応させた。CS65は圧縮比8.8、出力は6.22ps/10,000rpm、0.485kg-m/8,500rpmで、90km/hをマーク、高速時の冷却風によるガソリンのアイシングを防止するため、エンジンのオイルラインがキャブレター前部へレイアウトされた。

　スーパーカブC65は62.95ccで5.5ps/9,000rpm、0.46kg-m/7,000rpm、85km/hとかつてのC115とほぼ同一データになった。ヘッドランプはC200系の大径に、テールランプはC72系の逆三角形スタイルに、シート下の燃料タンクも3→4.5ℓと増量された。ホンダはSOHC65ccモデル発売の12月1日以降、全製品に2年間5万kmの長期保証制度を導入、製品に対する自信をもって実施した。またホンダ製品がアメリカで絶対的な支持を得ていた証として、'64年9月に"リトル・ホンダ"のレコードがキャッシュボックスで発売1カ月目に第10位を得て、日本でもヒットし、第2弾の"ゴー・リトルホンダ"もおなじみとなった。

　C65のシートがツートンレザーに、マフラーステーもスイングアームピボット軸マウント方式になったのに合わせてスーパーカブC100も、同じ改善が加えられモーターショーに展示された。

　'65年のモーターショーには、カブベースの輸出、それもベルギーホンダの生

ホンダ・EZ-9

(1990年・空冷2サイクル単気筒 48×49.6mm 89.7cc・最高出力7.8ps/6,250rpm・単速・始動セル／キック・車重82kg・価格249,000円) アメリカでは Cub EZ90の名で発売された未来スタイリングの新世代カブ。仕様は、2サイクル・ピストンリードバルブ吸入エンジンとVベルトオートマによりキビキビ走るオフロード専用車。

ホンダ・EZ-SNOW

(1991年・空冷2サイクル単気筒 48×49.6mm 89.7cc・最高出力7.58ps/6,500rpm・単速・始動セル／キック・車重98kg・価格350,000円) ホンダはT360時代からリヤ・トラックベルトによるスノーモデルを開発してきたが、二輪車用としてバンクできるモデルは、これが世界初めての量産車といえ、注目された。

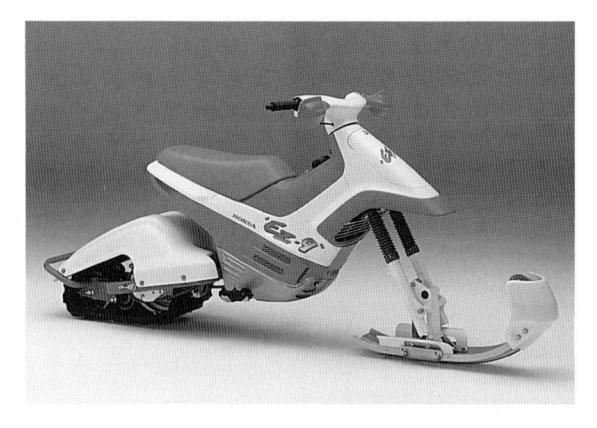

ホンダ・TRAIL CT70

(1969年・空冷4サイクル単気筒 47×41.4mm 72cc・最高出力5.0ps/8,000rpm・3速・始動キック・最高速度75km/h・車重70kg) アメリカ向けのミニトレール(モンキー)の上級モデルがCT70トレールであった。モンキーとCT90の中間モデルとして計画、出力やエンジンガード付であるのが国内向けと異なる。

産車であるC310、C320が展示され、人目を引いた。ヨーロッパにおけるモペットの条件である40km/hの最高速度に対応させた1.8ps/4,700rpm、0.3kg-m/3,000rpmのペダル付C240系エンジンを搭載、C310はタンクをステアリング部後方に持ち、C320はCS90同様のTボーン・スタイルであるが、両車共にタイヤは2.25-23と大径、左グリップチェンジ操作等々、独自のメカニズムを持っていた。ホンダ製50ccクラスでTボーン・フレーム車は、このC320が初めてで、多くのホンダファンがそのデザインの良さに注目したものであった。ショー会場には輸出車としてハンターカブCT200も展示された。ベースはC200をベースにスーパーカブ型に仕立てた'64年10月発売のCM90で、フロントカバーを外してダウンチューブ状のエンジンガードを装着、アップマフラー、リヤにダブル・スプロケットを装備して登坂能力を18→25度以上へ高めたモデルで、後のCT90／110系のルーツといえるトレール車だった。

　OHV90cc系は'65年12月に、CS90ベースのオールアルミSOHCユニットへ換装され、車名もC200系がベンリイCD90、CM90系がスーパーカブC90と変更、出力は7.5ps/9,500rpm、トルクは0.67kg-m/6,000rpmへ向上、C90のキャブレターがダウンドラフトから、通常の横向スタイルを採用し、カブ系最大排気量車として充実した内容となった。こうして考えるとOHV90ccはホンダ製エンジンSOHC化の過渡期のパワーユニットといえた。

　'66年5月に待望のスーパーカブのSOHCモデル "C50" がデビューした。車体系はC100系を受け継いだものの、フロント部のイメージを一新していた。OHVのカブが生産400万台（内輸出62万台）を記録したのを機会に、安全性の向上に気が配られ、100→130mmの大型ヘッドランプをハンドル部へ移動、大型フラッシャーとテールランプも含めてアメリカCHP（カリフォルニア・ハイウェイ・パトロール）規格適合品となった。

　エンジンのベースはCS50／65系で、自動遠心クラッチ3速遠心式オイルフィルターを採用、C50は4.8ps/10,000rpm、0.37kg-m/8,200rpmにて75km/h、90km/ℓの性能、またすでに前々年に発売のC65は、この機にC50同様のニューデザインとなった。新型スーパーカブではエキゾーストパイプとサイレンサー

ダックスホンダ ST50

(1969年・空冷4サイクル単気筒 39×41.4mm 49cc・最高出力4.5ps/9,000rpm・3速・始動キック・最高速度70km/h・車重61kg・価格66,000円) 深いシックなシルバーフェンダー付、日本とヨーロッパ向けにダックスの名称で販売。ST70もあり6ps、2,000円高でリリース、'69年8月にデビュー。フォーク部で分離できるのが特徴。

ダックスホンダ ST50エクスポート

(1969年・空冷4サイクル単気筒 39×41.4mm 49cc・最高出力4.5ps/9,000rpm・3速・始動キック・最高速度70km/h・車重61kg・価格66,000円) 胴長のダックスフントから命名されたダックスの輸出仕様で、'69年9月発売。当初はフォークが分離できなかったが、後にST50／70EX系を3,000円高で追加。全モデルにホワイトダックスも追って設定された。

ホンダ・TRAIL CT70H

(1971年・空冷4サイクル単気筒 47×41.4mm 72cc・最高出力6.0ps/9,000rpm・4速・始動キック・車重70kg) アメリカのミニバイクレースに対応させ、米国市場向けのCT70をさらに改良し、油圧テレスコピックフォーク、別体ヘッドランプに加え手動のクラッチ4速エンジンを搭載したのがHモデル。日本ではスポーツⅡと呼ばれたモデルとほぼ同一。

が溶接の一体型を採用、"非分解"方式を採用した初めての2輪車となった。'66年6月にはC90もニュースタイルを採用して登場、スーパーカブのハンドルは全車640mm幅の共用パーツとなった。またC50M、C65Mのセル付もラインナップされたが、90cc系はキック式のみだった。

ベンリイCS、CL、SSそしてCDシリーズ確立

'66年10月以降スポーツカブの名が消え、"原動機付自転車"の系統名称であるベンリイに統括された。'65年9月から市販に入っていたスポーツカブCS50がベンリイCS50となり、合せてダウンマフラー型がCD50の名称で加わった。

CS65と50系との違いは、タンクのニーグリップ形状やタンデムシート付であることで、CS50は65のボアを5mmダウンした39×41.4mm、49ccにて5.2ps/10,250rpm、0.38kg-m/9,000rpmから85km/h、燃費はスポーツカブCS50では25km/hで100km/ℓであったが、ベンリイCS50では90km/ℓに、価格も3,000円安くなり59,000円へ値下げされた。

ベンリイ名はすでにホンダCS90にもつけられていたが、新たに'66年9月にはセミアップマフラーのCL90が加わり、'67年2月になるとベンリイSS50とCL50が発売された。ホンダのドイツ戦略モデルとして、'66年から出荷されていたSS50がベースだったスタイリングを、よりレーサー的に改良していた。CS50のエンジンを5速化、ドイツ向け5.1ps/9,960rpm、81km/hに対して、日本向けはカムを変更して、アルミシリンダー付き6ps/11,000rpm、0.40kg-m/10,000rpmから95km/h、0−200m13.8秒と、50ccクラスとしてはかつてない程の高性能車となった。

外観もドイツ向けはCS65用タンクにダブルシートを組み合わせた2人乗り、ダウンマフラー仕様であったのを、日本向けはシルバーメタリックのロングタンク、セミシングルシートを装着、セミアップマフラーを装備し、車体もスカーレット、ブルー、ブラックの3色を揃えた。CS90、CS125に続く "Tボーン" フレームと高性能5段ミッションの採用は、50ccクラスの新しいジャンルを確立することに成功した。

ホンダ・TRAIL CT70

(1974年・空冷4サイクル単気筒 47×41.4mm 72cc・最高出力5.0ps/8,000rpm・3速・始動キック・車重70kg) フォークにラバーブーツを付け、オフロードラン特性を高めた。メッキのランプステー、シートの改良をはじめ対米向けCTで初めてフラッシャーランプが装着されたのも、この'74年のCT70K4から。

ダックスホンダ ST50-VII

(1978年・空冷4サイクル単気筒 39×41.4mm 49cc・最高出力4.1ps/8,500rpm・4速・始動キック・車重75kg・価格114,000円) '78年のダックスはST50／70-VI：3速自動遠心クラッチ付、ST50／70-VII：4速手動クラッチ付を発売。'70年代ダックスはエクスポート＝III、スポーツI＝IV、スポーツII＝Vなど42タイプが販売された。

ダックスホンダ ST50

(1995年・空冷4サイクル単気筒 39×41.4mm 49cc・最高出力2.6ps/7,000rpm・3速・始動キック・車重72.3kg・価格198,000円) '90年代のRVブームにともない、'95年1月に10数年ぶりに再登場したダックスである。12V電装、CDI点火等の技術的進歩とともに、ダックスの魅力により磨きがかけられた。

またSS50に小柄なタンクとロングシート、そして乗りやすいブリッジアップハンドルを装備して、CS50の4速ユニットを持つCL50も、乗りやすさが好評でSSとともに50cc級スポーツ車の人気車となった。

　ホンダ50ccモデルの中で、輸出専用車であったモンキーバイクも、OHVユニットのC100ならびにCZ100から、SOHC化にともない車名も正式に"ホンダ・モンキー"としてZ50Mが'67年3月から国内投入された。Cは溶接、CZでは一文字ハンドルバーをノブで取り外すのみであったがZ50Mでは回転式折りたたみ方式を採用、シート高も大人向けになり、これも折りたたみ式に変更された。

　ホンダのTボーンフレームは、従来のプレスバックボーン方式から、リア・フェンダーを別体化したものであった。この方式はイギリスのBSAビーグルに先例をみていたが、ホンダではスーパースポーツムードを強調するために、フェンダーとフレームの間に"空間"を設けていた。フェンダー別体方式はCS90デビュー後、他社にも影響を与えてゆくが、その多くは空間のないデザインであり、軽快さではホンダがリードした。

　ベンリイSSおよびCL50の登場で、ホンダ50cc系のスポーツ車であったCS50は、かつてのスポーツカブC110Sと同様にシングルシート荷台付となり、アップマフラーCS50、ダウンマフラーCS50Dの2タイプが用意された。なおCS50にはレーシングキットパーツのY部品としてシリンダー、ヘッド、カムをはじめクランク（ウェブ径を87→80mm φ）クロス4速ミッション、クラッチ、テレスコピックフォーク、リヤ・ショック等が揃えられていたが、このパーツが一部発展してSS50用となった。

　Tボーン系フレームの最大排気量車ベンリイ125系には、SS50と同系タンクを持つCS125があり、輸出向けはタイヤが16→18インチとなり車名もSS125と呼ばれた。また荷台付のCD125にはキック始動の廉価車CD125Aがあり、CL125ベースのタンクとシングルシートに荷台付の実用車として、低価格で人気を得ていた。スポーツ車の人気が高い時代とはいえ、'60年代後半に入っても、2輪車は実用車に対する需要も少なくなかったのだ。

　スーパーカブの3速自動遠心クラッチに対して、商業用バイクでもモーター

シャリイホンダ CF50-Ⅱ

(1972年・空冷4サイクル単気筒 39×41.4mm 49cc・最高出力3.5ps/7,500rpm・3速・始動キック・車重70kg・価格75,000円) プレスフレームの間にシリンダーを配置、スクーター的フォルムを実現した女性向けで'72年2月に発売。Ⅰ型は2速ロータリーと両手ブレーキ、Ⅱ型は3速リターン、後足動ブレーキ。70ccの二人乗りもあった。

シャリイ CF50

(1992年・空冷4サイクル単気筒 39×41.4mm 49cc・最高出力4.0ps/7,000rpm・3速・始動キック・車重76kg・価格159,000円) ファミリーバイクの頂点といえるシャリイの20年目のモデル。バリエ、カレンやロードパル、シャレットなど2サイクル車は短命に終わったが、シャリイは継続生産され、エコノパワー115km／ℓを誇った。

ホンダ・XL70

(1974年・空冷4サイクル単気筒 47×41.4mm 72cc・最高出力5.0ps/9,000rpm・4速・始動キック・車重67kg・) オフロードバイクのSL70モトスポーツが、アメリカ、ヨーロッパ向けに'71年から出荷、'74年にXLと名称変更された。手動クラッチ4速エンジンを、ダブルクレードルフレームに積み、'77年にXL75にバトンタッチ。

サイクルらしい操作テクニックを楽しみにするライダーも多かった。ホンダでは、"走るビジネスマシン"を目標に高性能のドリームC70を'57年に発売、'62年にはCB72の車体にC72エンジン付CM72を加えたり、CS90でも荷台とフルチェンケース付のII型を設定するなど、スポーツ車と実用車を合わせたモデルが多く販売された。

そこで"軽快な新・ビジネスバイク"のキャッチフレーズで'68年2月から登場したのがニューCDシリーズだった。ベースは使いやすさで定評のあったCL50／65で、外観を輸出用SS50系の深いフェンダーにして、タンクもショート型に仕立てたモデルで、CS50系ともイメージの異なる新ジャンルのバイクとして新鮮なイメージを与えた。データ的にはCL／CS系と同じで、スーパーカブ同様にセル付のCD50M、CD65Mが同時に発売された。また1カ月後にはCD65のエンジンをCL50の車体に搭載したCL65がCLシリーズに追加された。CDシリーズは'68年6月にCD90／CD90MがCS90IIをベースにデビュー、以降50、65、90トリオとして存続してゆくのである。

カブ系エンジンがCDシリーズによって、スーパースポーツからビジネスタイプまでほぼフルラインナップが出揃ったのを機会に、ホンダではレジャーバイクの拡大を行なった。OHVのスーパーカブをベースに、'61年C100H、C105Hのハンターカブ（アメリカ名称はトレールカブまたはトレール）が国内に限定販売されたが、'68年8月に同じ目的のホンダCT50が国内向けに出荷された。

C50をベースにエンジン側スプロケット部に副変速機（スーパートルク）を装備し3×2速＝6速として、登坂力を高めたものであった。車体は輸出用のCT90と同じく丈夫なものが使われ、タンクは6ℓ容量、スタイル的には'64年モーターショー展示のCT200とソックリだった。CT90にも'68年からは4×2速の8速を採用、'80年にはCT110へと排気量アップされてロングセラーとなった。

アメリカ市場では、子供向けミニバイクの人気が'70年代前後に訪れており、アメリカンホンダ向けとして初めての"ミニトレール"Z50Aを'68年9月から発売。リアサスペンションはないままに、Z50Mを走りやすく5→8インチタイヤによるサイズアップとフロントにテレスコピックフォークを採用したモデルだ

ホンダ ATC70

(1983年・空冷4サイクル単気筒 47×41.4mm 72cc・最高出力3.4ps/7,000rpm・4速・始動リコイル・車重77kg)ホンダのATC(オール・トレイン・サイクル)は'70年に90、'73年に70、'80年に185、'81年に200の各二輪が発売。最も小さい70は'73年4月にアメリカンホンダより発売、'86年からは四輪FOUR TRAXに進化した。4速の自動遠心クラッチ付。

ホンダ・モトラ

(1982年・空冷4サイクル単気筒 39×41.4mm 49cc・最高出力4.5ps/7,500rpm・6速・始動キック・車重81kg・価格165,000円)エコノパワー100km／ℓエンジンを丈夫なパイプフレームに搭載した"モーター・トラック"。'82年6月発売でサブミッション3×2速、タイヤは5.4-10と太く、オン・オフロードを柔軟にこなすことができた。

ホンダ・ジャズ

(1988年・空冷4サイクル単気筒 39×41.4mm 49cc・最高出力4.0ps/7,500rpm・4速・始動キック・車重83kg・価格199,000円)ミニバイクブームの渦中にあった'80年代後半、モンキーR、RTに続いて登場した。本格派のアメリカンチョッパースタイル、16／12インチタイヤと1,325mmロングホイールベースが特徴。エコノパワー110.5km／ℓユニットを搭載。

った。これが日本には'69年5月にモンキーZ50Aとして登場、路面変化に対応できにくく走りづらかったZ50Mの欠点を解決、以降モンキー系は8インチホイールを続けることになった。

　モンキーとCT50／90系のギャップを埋めるため、'69年8月に世界規模でデビューしたのがST50／70ダックスだった。Tボーンフレームを小型化、2.5ℓ容量のプラスチックス製燃料タンクをシート下フレームに内蔵させた。"バカンス"や"レジャー"という流行の中で、モンキー同様に動物の名で登場、犬のダックスフンドにあやかったネーミングで、若者に愛用された。

　自動車のトランクに収納できるようにステアリングヘッド部のレバー操作で、フロントフォーク部分が分離でき、突起部をカバーできるプロテクターキット等も用意された。ただしアメリカ向けには"エクスポート"が非分離型で出荷、名称もトレールCT70の名称で販売された。ヨーロッパ向けはダウンマフラー＝日本向けの標準型が出荷され、"モキックス"と呼ばれた。エンジンは49ccが4.5psにて70km/h、C65エンジンのボアを47mmに拡大した新型72ccが導入され、6ps/9,000rpm、0.5kg-m/7,000rpmから75km/hをマーク。モンキーよりレベルアップさせるため10インチ大径ホイールと長いホイールベースが独特のフォルムを持っていた。

　日本向けは標準型ST50／70Z、エクスポートST50／70EX、フォーク分離エクスポートST50／70EX-Z、全車が自動遠心クラッチ3速であったが、'71年2月に4速手動クラッチ操作のST50／70Tを追加した。'72年2月から名称をスポーツIに変更し、新登場のスポーツIIには油圧テレスコピックフォークと別体メーター、エンジンガードが加わりグレード感を高めた。しかも全モデルに白いカラーと花柄シートを持つ女性向けのホワイトダックスも加わり、ダックスの人気は'70年代初めに最高潮に達した。'72年11月にはST90マイティダックスがCD90のエンジンを6ps/8,000rpmにデ・チューン、14インチのスポークホイールを装着して登場。アメリカではトレールスポーツの名で親しまれた。

　ダックス系各車に搭載された72ccSOHCエンジンは、'69年1月にスーパーカブC50／70として市場投入、加えて'70年1月にCD70、8月にCL50／70のクラッ

ホンダ・カブレーシングCR110
(1962年・空冷4サイクル単気
筒 40×39mm 49cc・最高出力
7.0ps/12,700rpm・5速・始動
キック・最高速度100km/h・車
重75kg・価格170,000円) 究極
のカムギアトレインDOHC 4
バルブエンジンを搭載したカブ
のレーシングモデル。レー
サーキットで8ps、120km/h
以上、カウル付で130km/h以
上をマーク、レース用は8速
が主体で前、中、後期タイ
プがある。'62年6月発売。

ホンダ・スポーツカブC110S
(1962年・空冷4サイクル単気
筒 40×39mm 49cc・最高出力
5.0ps/9,500rpm・4速・始動キ
ック・最高速度85km/h・車重
66kg・価格58,000円) スポー
ツカブは'60年10月デビュー
で、手動クラッチ3速、C110
セミダブルシート、自動3速
C111荷台付があった。'61年4
月メッキタンク、'62年2月4
速のロータリー変速に。Sは
シングルシートでC110、
55cc C115に設定。

ホンダ・ベンリイCS90II
(1965年・空冷4サイクル単気
筒 50×45.6mm 89cc・最高出
力8.0ps/9,500rpm・4速・始動
キック・最高速度100km/h・車
重86.5kg・価格72,000円) ホン
ダ水平エンジン初のSOHC第
1弾が、'64年7月発売のホン
ダSC90。'65年にフルチェー
ンケースのためプレス・ス
イングアームと荷台付
CS90II、フルチェーンケース
とダブルシート付III型が加
えられた。

チ付ユニットとして発表されたものであった。'70年9月にはSS50の外装をレーシングスタイルに変えた新型が投入されたが、'71年5月にはCB50がデビューし、カブ系エンジンのスーパースポーツはSS50が最後となった。

　ベンリイのスポーツ車が“CB”系に移行した'71年1月、スーパーカブ系のフレーム系を一新したC50／70／90DX-IとIIの“デラックスシリーズ”が加えられた。外観はメタリック塗装を施し、プレス型を変更してタンクはダックス同様にフレーム内に収納され、シートもIは従来イメージ、IIにはロングシートが装着され、スポーツモードを持つスーパーカブは50／70ccに設定され、'72年2月から発売に入った。カブのバリエーション増加は、ダックスへ移行しつつあったカブ・ユーザーを少しでも引きとめる意味も含まれていた。

安全に気配りした、技術革新、エコノパワー登場

　'70年代は、モーターサイクル界に“ナナハン・ブーム”が到来した。安全対策上から免許制度が変更され、'65年以来50ccのみ原付免許、51cc以上が自動二輪免許で、実施試験も125ccスクーターでコースをシフトなしで周回する……というおおらかであったものが、'72年3月からは自動二輪免許が125ccまで小型限定、126cc以上は二輪免許に2分化された。

　こうした中で50ccの人気が高まったのを機会に、ダックスの女性向けモデルともいえるシャリイホンダCF50／70が'72年7月に登場した。SOHCユニットを3.5ps/7,500rpm、0.37kg-m/6,000rpmの低中速型とし、CF50-Iには自転車と同じ前後ブレーキをハンドル部操作として、ポートカブ以来の2段変速を採用、CF50-IIとCF70は3速に後輪フートブレーキ式にして差別化した。当初はオプションのフロントバスケットも、CF50-IIIが加わり標準装着となる。

　シャリイは海外では“スクーターレッテ”と呼ばれ、ホンダ車としては、50ccファミリーバイクの元祖的存在であり、シャリイ以降ノビオ、ロードパル、バリエ、カレン等のモデルに影響を与えた。

　'73年7月にベンリイCD50／70／90系が改良され、ガソリンタンクのデザインが、CB750をベースにした形状となった。全体のスタイルは、このニューCD以

ホンダ・ベンリイCL90

(1966年・空冷4サイクル単気
筒 50×45.6mm 89cc・最高出
力8.0ps/9,500rpm・4速・始動
キック・最高速度95km/h・車
重92kg・価格72,000円) CS90
がベースの、CL125スタイル
のタンクやシート、アップエ
キゾーストを持つスクランブ
ラーで、'66年9月発売。CSに
比べて、ブリッジハンドル
と乗りやすさで支持された。
CL系はCL90Zに至るまでパ
イプスイングアームが特徴。

ホンダ・ベンリイCS65

(1966年・空冷4サイクル単気
筒 44×41.4mm 63cc・最高出
力6.22ps/10,000rpm・4速・始
動キック・最高速度90km/h・
車重77.5kg・価格63,000円) '64
年12月にカブ系50〜70cc
SOHCエンジンのルーツと
して発売。CS90とC110をミッ
クスしたデザインを持つ。
'66年4月より2トーンシート
となり、スポーツカブから
ベンリイへ名称変更された。

ホンダ・ベンリイSS50

(1967年・空冷4サイクル単気
筒 39×41.4mm 49cc・最高出
力6.0ps/11,000rpm・5速・始
動キック・最高速度95km/h・
車重68kg・価格62,000円) SS
=スーパースポーツらしく、
50cc初の5速リターンミッシ
ョンと6psにより95km/hをマー
ク。Tボーンフレーム、メ
タリックシルバーのタンク、
フェンダーなど、'60sホンダ
50ccの最速モデルとして知ら
れた。

降、'96年にデビューするベンリイ50／90S系まで、大きく変更なく推移し、20年以上も不変のロング・スタイリングを続けた。

　CD同様に、ロング・ランを続けてゆくモンキーの前後サス装着車Z50Jが、'74年2月に登場した。アメリカ向けには'72年からZ50AのK3として出荷されていたモデルの日本向けであった。

　'75年5月にはZ50J-II、'78年8月にはZ50J-IIIゴリラが登場した。ゴリラはエンジンを4速手動のクラッチ付を搭載したモンキーのツーリング・バージョン的モデルで、タンク容量をモンキーZ50J系の4ℓから9ℓにして、ハンドルもアップタイプで折りたためなくなったが、前後方向のアジャストが可能だった。フロントとリア・キャリアを装着した独特のフォルムは、モンキーとは別ジャンルのモデルとして好まれた。

　モンキーもゴリラの出現で、新Z50J-Iに名称変更、ティアドロップ4ℓタンクとサドル型シート付となった。アメリカ向けは、'78年のZ50Jスタイルまでは"ミニ・トレール"と呼んだが、'79年のZ50J-Iベース車からはヘッドとテールランプが外され、カラーリングもタヒチアンレッドのZ50Rへと車名変更され、'87年まで変更されずに生産が続いた。

　'88年Z50RからXRモトクロッサー・スタイルへ変更された。この間モンキーのゴールドメッキ限定車が'84年9月＝東京仕様、'86年Z50RD＝アメリカ向け等に出荷され、プレミアムがついたりした。またZ50RをベースにしたモンキーBAJA(バハ)も'91年1月からリリースされた。

　モンキーのバリエーションに、'87年7月"モンキーR"が加わり"ツインチューブ"のレーサーレプリカスタイルが注目を集めた。またアメリカでZB50として呼ばれたモデルが、国内向けモンキーRT＝アップハンドル付として'88年3月から登場、モンキーの新しいイメージを確立した。ゴリラは'92年で姿を消したが、モンキーはZ50JとBAJAの生産は続けられた。

　レジャーバイクとして'70年代から生産が続けられたダックスは、アメリカ向けが'82年まで、国内では'83年まで販売された後、ヨーロッパ向けに継続生産していたため、'95年11月に再登場して話題を呼んだ。変わり型としては'82年6月

ホンダ・ベンリイCL50
(1967年・空冷4サイクル単気
筒 39×41.4mm 49cc・最高出
力5.2ps/10,200rpm・4速・始動
キック・最高速度80km/h・車
重69kg・価格62,000円) SS50の
車体に、CS50をベースにし
た4速ロータリーミッション
付のエンジンを搭載、CLス
タイルで'67年2月にSSと同時
に発売された。'68年3月に
CL65も加わり、'70年8月デザ
イン一新のCL50／70へと進
化を遂げた。

ホンダ・ベンリイCD90
(1970年・空冷4サイクル単気
筒 50×45.6mm 89cc・最高出
力7.5ps/9,000rpm・4速・始動
キック・最高速度95km/h・車
重84kg・価格79,000円) Tボー
ンのスポーツ車をベースに、
'70年2月にCD50、70、90が
登場した。90はCS90IIとCL
エンジンのミックス車なが
ら、トルク重視の7.5psとし
た。セル付のＣＤ９０Ｍも
86,000円で市販された。

ホンダ・ベンリイCD50
(1983年・空冷4サイクル単気
筒 39×41.4mm 49cc・最高出
力4.5ps/8,000rpm・4速・始動
キック・最高速度80km/h・車
重74kg・価格116,000円) CL50
をベースにCDスタイルにし
たモデルであり、スポーティ
実用車ともいえる。源流的に
みればスポーツカブC110Sを
バージョンアップしたと考え
られる。'70年の5.2psから扱
いやすい4.5psとなり、低中
速域を重視の設計に。

に"モーターサイクル・トラック"のコンセプトに基づき"モトラ"AD05を発売した。大型荷台付ミリタリールック、また"3×2速"サブミッションユニットはCT50以来の導入で、それまでのCB50系ユニットのレジャーバイクR&Pやノーティダックスに代わるヘビーデューティマシンで、リヤの車高調整式レベライザーサスペンションも注目の的となった。

カブ系エンジンの大きな変革期が'80年2月に訪れた。C／CS90以来続けられたSOHC89ccが、この年からCT110へ排気量アップされたのを機会に、新しい85ccが開発されたのである。新型スーパーカブC90には47×49.5mm、85.9ccにて当初6.8ps、'81年2月には7ps/7,000rpm、0.79kg-m/5,500rpmに向上、ボトム・ニュートラル3速ミッション付のHA02エンジンが搭載された。

'80年9月からCD90が85ccHA03、7.1ps/7,500rpm、0.75kg-m/6,000rpmを搭載して登場、点火系もバッテリーからCDIと進化、HA系ユニットは'79年から輸出向けATC110、輸出は'80年、日本向けは'81年11月発売のCT110、52×49.5mm、105ccを最大ベースにしており、タイ製スーパーカブのHA05、06ユニットはボア50mm、97ccに設定され、日本国内には'93年12月から輸入販売を開始した。

また50cc系ユニットはスーパーカブがC50E、CDがCD50E系と型式名は変化ないものの'81年2月にはCD50DXがリッター150kmの"エコノパワー・エンジン"を搭載、走行中にはニュートラルに入らない安全対策が施された。

翌'82年4月には"スーパーデラックス"が登場、直線でまとめられた新しい車体と、ミッションには3速にオーバードライブを組み合わせた4速を採用、"リッター150km"を記録。エコノパワーへの挑戦は、さらに続けられ'83年2月には"スーパーカスタム"がリッター180kmの驚異的なデータを示した。

またスタンダードとデラックスは145km／ℓ、プレスカブ120.2km／ℓと50cc系の経済性は他車の追従を許さないものとなった。

カブの進化とともに、カブ系エンジンの新しいレジャーモデルともいえるJAZZ＝ジャズが'86年4月に市販された。50ccモデルがファミリーバイクからレーサーレプリカまで多様化する中で、水平シリンダーエンジンの特徴を生かしてロングホイールベースのアメリカンに仕立てたもので、Vツイン750ccのシャ

ホンダ・ベンリイCD50カスタム
(1995年・空冷4サイクル単気筒 39×41.4mm 49cc・最高出力4.0ps/7,000rpm・4速・始動キック・車重74kg) '95年モーターショーに展示されたCDカスタムの1台で、CB450K0スタイルのタンクを持つホンダ・アクセス用モデル。シルバーフェンダー、コンチネンタルハンドルをはじめ'60sバイクのムード十分。これがベンリイ50/90Sへ発展した。

ホンダ・ベンリイ90S
(1996年・空冷4サイクル単気筒 47×49.5mm 85cc・最高出力7.1ps/7,500rpm・4速・始動キック・車重78kg・価格198,000円) ショーモデルをベースに50S、90Sが'96年4月から販売された。90Sは'80年9月以降のCDに搭載されてきた85cc、高出力7.1psとダブルシートを装備。正統派のスタンダード・スポーツとして注目の的となる。

ホンダ・ベンリイ50S・SP
(1997年・空冷4サイクル単気筒 39×41.4mm 49cc・最高出力4.0ps/7,000rpm・4速・始動キック・車重76kg・価格189,000円) ベンリイ50Sのスペシャル・バージョンで'97年1月発売。シルバーとブルーのカラーによってより軽快さをアピール。TボーンフレームのSS50以来、30年目に突入したモデルで、レトロブームの頂点に立った。

HONDA DREAM 50（1995年・試作車/空冷4サイクル単気筒・DOHC型49cc）CR110カブレーシングのイメージを、最新技術でストリートバージョンとして具現化したロードスポーツモデル。プロトタイプの為、生産モデルとはメーター、ハンドル角、エキパイ、エンジンなどのデザインが若干異なる。

ドウから250ccレブル系のスタイリングで好調な売り上げを示した。

　この頃アメリカンの人気はホンダのスティードが人気をリードしたが、250ccVツインマグナの投入でさらに人気を高めたため、'95年4月にマグナ・フィフティを発売した。ジャズのグレードをより高め、始動方式もセルを採用し豪華な50ccアメリカンとして、若者からベテランライダーに人気を得てゆく。

　'90年代は2輪に限らず、4輪からファッションまで"クラシック"がレトロとして流行をみせ、50ccも'60年代のバイクの楽しみ方と同様"改造カスタム"が若者達に広まった。カブやCDが中心となり、多くのアフターマーケットパーツが出廻ったため、ホンダではベンリィCD50／90Sのスタイリング車や、往年のカブレーシングCR110スタイルのドリーム50のプロトタイプを'95年モーターショーに出品した後、'97年2月に発売に踏み切り、1998年には"ホンダ創立50周年"および"カブ誕生40周年"をいよいよ迎えることになったのである。

第6章

『世界のスーパーカブの変遷（日本と海外）』
The Super Cub's Worldwide Production History

ここでは、いままで発表されていなかった関係資料、生産年度やフレームナンバーの記録などをもとにして、さまざまな改良や仕様変更が施されて進化を続けているスーパーカブについて詳しく解説。日本をはじめとして、海外向けの輸出及び現地生産されたモデルまで網羅した。

小関　和夫
KAZUO OZEKI

小関和夫（おぜき　かずお）　昭和22年(1947年)東京に生まれる。工業デザイン、機器設計業務、自動車専門誌編集部を経てフリーのモータージャーナリストとなり、二輪および四輪各誌へ執筆する。二輪四輪車等の歴史や技術関係史が得意分野、雑誌創刊にも複数関係。自動車用パーツ、サイドカー、二輪車パーツを設計するOZハウス代表。1970年毎日工業デザイン賞受賞。『KAWASAKI』『国産二輪車物語』『単車ホンダ』他多数の著書を発表。

日本向けSOHCスーパーカブの変遷（1958年～2008年）

(1)スーパーカブC100から拡大モデルC105に至るOHV時代

　スーパーカブ系エンジンのSOHC化はホンダが二輪車業界において、いつまでもリーダーシップを続けるために実施された感があった。ベストセラーとなったOHVの生産設備を出来得る限り流用し、かつすばやくツバメ返しのよう、切り替える意味合いから「ツバメ作戦」と命名され開発が進行した。

　開発時においてOHV系スーパーカブのラインナップをみてみると、排気量50ccではキック始動式のC100が40×39mmのニア・スクエア、49cc、圧縮比8.5にて4.5ps/9,500rpm、0.34kg-m/8,000rpm、自動遠心クラッチ3速リターン変速を採用。最高速度70km/hと25km/h時の燃費が90km／ℓ、当時としては前例のない高性能車ながら販売価格は2.5psほどの2サイクル車と同じ55,000円であった。

　車体番号はC100-58-10001からスタート、中央の年次数は59、60と逐次変わってゆくが1960年4月にはセル・キック始動のC102が62,000円で追加、日本と北米に出荷された。北米仕様については当初C100-10001、62年以降はCA100で始まるものとなった。

　当時からモーターバイクと呼ばれた原動機付自転車は、1955年4月以降の法定速度が50cc＝第一種の昼夜25km/hに対し、排気量51cc以上については60年に25km/hから40km/h（ただし夜間は35km/h、東京都内のみは昼夜32km/h）にあがり、さらに自動車なみの交差点信号での右折可、2人乗りとなったため、各社が急きょ50ccをベースに51cc以上を開発した。

　スーパーカブも第二種として61年8月にキック始動式C105、セル・キック始動CD105、を投入した。ベースモデル50からの変更点は、ボア42mmと2mmのみ拡大、結果的にショートストロークの54ccとなり5.0ps/9,500rpm、0.38kg-m/8,500rpm、75km/h、90km／ℓ。価格はCD105が64,000円、C105は57,000円に設定、50との価格差はタンデムシートとリアステップ追加分のわずかに2,000円の良心的な数値であった。

1960年　C100にセルモーターを装備したのがC102。重積載の始動時に機動性を発揮。

1961年　55ccセル付のCD105。Dはデラックスの意味で、商用車系のCDとは意味的に異なる。

(2)OHVエンジン搭載の最大排気量車ホンダカブ90の登場。

　だが使い勝手からみると2人乗りや過積載に55ccはアンダーパワー気味であった。その解決のため1964年10月開催の第11回東京モーターショーに、OHV90ccのバイク型C200をベースに自動遠心クラッチ3速を備えた新開発エンジンを搭載したスーパーカブCM90が展示された。

　当時の国内向け90ccは人気車のホンダCS90にあわせていた。車名はカタログ上で「スーパー　のつかない」ホンダカブ90(CM90)として75,000円で発売。この時点ですでにカブ系の「SOHC化作戦」はスタートしていたともいえよう。この頃の納付税額は50ccが500円、51-90ccが800円、91-125ccは1000円と格差がつけられて50と125両者を兼ね「中間排気量」と呼ばれた新型の90ccまでのモデルが各社から発売された。

　なお64年夏から市販されていたホンダCS90、後のベンリイCS90は、ホンダC200やカブ系OHVを発展させたSOHCエンジンを搭載していたが、ボアは50mmでこれはCB160と同値であった。なおCS90のスタイリングベースは、デザイン優先で先行開発されていた「C240ポートカブ系エンジン搭載のヨーロッパ向けペダル付50ccスポーツモペッドC320」で、ヨーロッパ向けに考案した50cc Tボーンフレームのペダル付モペッド開発時に、その造形美をみた本田宗一郎の進言で、急きょ国内向けに優先的に開発されたものであった。

　また年毎にモデルラインナップの拡大に対して、ホンダでは生産効率とパーツ改善の実施を明確にするため、61年より車体番号の打刻表記を変更した。それまでC100-58-00001だった年次表記からC100-A000001といったアルファベット表記をすることを決定。C100系での打刻変遷は61年度C100-Aよりスタート、部品の改善がすすみ62年には-E、64年にJ-K-L、65年にM-N-P-Rと変化した。OとQは数字とまぎらわしいため使用せず、66年1月にM、2月にSとなり5月のC100-S096605で最終モデルとなって66年4月生産分からSOHCのC50-A000001にバトンタッチした。

1964年　東京モーターショー配布カタログに、ホンダCS90、CM90が新製品で載った。

(3)65cc C65、90cc CM91の順に登場した初代SOHCスーパーカブ

　51cc以上の第二種原動機付自転車にあたるスーパーカブ中間排気量モデルは55ccであったが、SOHC化にあたり2人乗りに充分なよう65ccにアップして開発が進んだ。当時のオープンフレーム・ビジネス系モデル、いわゆるカブスタイル車はヤマハとスズキがホンダ同様に55ccであったが、対してブリヂストンは60ccになっていたため、ホンダではよりパワフルな65ccに設定したとも考えられる。

　スーパーカブ用SOHCエンジンの開発がスタート時、エンジンソースは最も実績を積んでいた125ccツイン系(ベンリイC90からCB125に至るSOHC2気筒達で、ボア・ストローク44×41mm、124ccでRC142系GPレーサーも同値)の片側をベースにしたことが最初に65ccが誕生する要因になった。

　まずC65より先行開発されたスポーツカブCS65＝65ccは44×41.4mmのショートストローク、62.95ccに設定、開発時のクランクケース類はC100系の転用が義務づけられた。排気量51cc以上の第二種原付系は旧型OHV系のベース車が49ccに対して、わずかに5ccの拡大＝容量でみると10％に対し、SOHC系は14ccも拡大された約63ccで開発が進められた。容量で約23％のアップ率に達したため、発熱によりクランクケース内圧が上昇するなど、ブリーザー系の処理に悩まされたが無事に解決することになる。

　CS65をベースにしたスーパーカブとして初のSOHCエンジン搭載モデルは1964年12月に発売されたC65であり、圧縮比8.8にて5.5ps/9,000rpm、0.46kg-m/8,000 rpmの高性能を発揮、自動遠心クラッチ3速リターンで85km/hと85km/ℓの経済性をもって価格63,000円で発売された。C65は一見してC100、C105系の車体流用進化型にみえたが、リアスイングアームなどはプレス鋼板部の立ち上がりの少ないロング・リアショック型が新装備されCS90のパイプスイングアームを鋼板プレスにしたCM90からの技術であった。ちなみにC65の車体番号は65年1月からC65-A、B、C、66年1月に-D、Eと変化して5月まで生産、6月より新型にバトンタッチをした。

　カブ系のSOHC化は着実なる歩みを遂げ、より大きな排気量を生み出した。65年東京モーターショー後の12月にはモーターサイクル型でOHVエンジンのC200と同じ車体に、CS90系SOHCエンジンに換装したベンリイCD90と、同様にCM90のエンジンを換装した国内向けSOHCスーパーカブの2番手C90が66年1月に登場。CM90より2,000円アップの77,000円で発売された。

　ホンダは66年初頭からSOHC90トリオとしてCD、CS、Cの各90をアピール。加えて対米輸出用にCM91(C90M)が打刻車体番号

1964年　C65はスーパーカブ初のSOHC搭載車。

CM91-100001以降の車を出荷した。基本的にはSOHCの先行開発車であるCS90エンジンを0.5psデ・チューン、自動遠心クラッチを組み合わせたものであった。

C90の外観はCM90とほとんど同じだが、SOHC化による性能向上は著しく1psアップの7.5ps/9,500rpm、0.67kg-m/6,600rpmを発揮、2,000rpmほど高回転型になったが、最高速度は5km/hアップされCD90と同じ95km/hの高性能を誇った。

(4)新スタイルで登場したC50(-A)、C65(-E)、C90(-A)

スーパーカブC65、C90が発売される間も、C50Eエンジンの開発はOHVより性能およびトルクアップに向けての吸入ポートの追い加工やバルブ部の見直しなどがされていた。当初はSOHC50cc車として先行発売された高速型エンジン搭載のスポーツカブCS50同様に、1965年9月に登場する予定であったといわれる。ホンダ製50cc初のSOHCエンジン搭載車であるCS50は手動クラッチ4速リターン変速車で、39×41.5mmロング・ストロークの49.57cc、圧縮比9.0にて5.2ps/10,250rpm、0.38kg-m/9,000rpmを発揮、85km/hの高性能を誇った。

しかしながらスーパーカブの実用使用域に必要とされた中速トルクが、シリンダーヘッド部の吸入ポート形状の関係からか、C100系OHVエンジンよりも当初から不足気味で、その解決が必死に続けられていたものの、65年10月の東京モーターショー出品はできない状況下にあった。しかし努力が実り66年5月にはようやくSOHC化された新型スーパーカブC50を発売にこぎつけることができた。

エンジンは潤滑系をより改善したものになり、初期型CS/C65に採用していたギア式オイルポンプから、新スタイルのスーパーカブC50(フレーム番号がC50-A000001ではじまる英文字+6桁で開始)および新型のC65(同C65-E000001から開始)ではトロコイド式オイルポンプに変更された。

性能は最高出力がOHVより0.3psアップ、発生回転数も500rpm高まり4.8ps/10,000rpm、最大トルク値も努力の結果、発生回転数を同じにしながらも0.03kg-m向上の0.37kg-m/8,000rpmになって実用性も向上、最高速度も5km/h向上の75km/h、燃料消費は90km／ℓであった。エキゾーストパイプとマフラーも溶接結合になり強度と静粛性を増した。

スタイリングはフロントフォーク部が大きな変化をみせ、灯火系全体がアメリカ輸出を考慮しCHP規格にあわせて一新したものとなり、大型化したフラッシャーやテールランプはCおよびCB72/77系に国内向けに装備された。

1966年　新型C50と65は性能と燈火類を一新した。

スーパーカブC50ではヘッドランプの6V15WはC100と変らないもののレンズ口径が100mmから130mmに大型化、ウインカーレンズはスポーツカーS600とほぼ同じ円錐状の大型サイズに、テールランプもC100の3倍の面積の楕円型になった。

夜間走行時の切り替えスイッチもC100の左サイドボックス部メインスイッチ切り替え式から安全性に配慮、ハンドルグリップ基部に移され、走行姿勢をくずさずに点灯できるようになった。リアフォークに関してはC50のみC100スタイルのリアショックの短いものが装備され、C65との外観上の判断は容易におこなえた。C50の価格はC100より2,000円アップの57,000円に設定された。

(5)年間に数回にわたる改善を受けて生産されたスーパーカブ達

車体番号はホンダの常で改善個所が生じた時点で認識確認のため車体打刻番号も変化をみせた。C50はC50-A00001からはじまり1966年はA-B-C、67年C-D-E-F、68年F-G-H-JでIはなし、先行発売されていたC65もスタイル変更、エンジンのオイルポンプ型式変更など内容が一新された。C50との差をつけるため、ガソリンタンク容量は3から4.5リッターへ増量、ハンドル幅575mmで57mm狭くスポーティに味付けされた。性能は44×41.4mm、63ccにて5.5ps/9,000rpm、0.46kg-m/7,000rpmにて85km/h。ミッションレシオもC50に揃えられ価格は旧C65同様63,000円で性能、価格ともに据え置きだった。

66年8月からはセル付C50Mが加わった。車体は当初キックに混ざって打刻はC50-A000001で共通スタートしたが68年よりM-N、69年にJ-Kと変わり価格は64,000円であった。またC65Mも72,000円で追加販売された。C65の車体番号はC65-E000001からキック共通車体であったが66年E-F、67年F-G-H、68年H-Jが刻まれ68年末にC70へバトンタッチした。

66年7月から発売された新型C90はOHV90cc以来のACジェネレーター＋バッテリー点火方式のため50/65cc系よりヘッドランプが6V25Wと明るく、大容量5.5リッタータンクとタンデムシートを標準装備、価格77,000円はCM90と変わらずリーズナブルな設定だった。車体番号は66-67年ともC90-Aで続き68年にC90-B、また輸出仕様C90Z、C90Mはアルファベットなしでも用いられた。66年9月にはホンダ原付2種の新価格作戦でC90が68,000円と9,000円も値下げ、C65も60,000円、C65Mは67,000円に各々3,000円値下げされ67年4月の世界生産累計500万台突破に寄与した。

(6)CT50がもたらしたデザイン上の変化

1968年8月にはハンターカブの再来として企画されたサブ・ミッション「スーパートルク」付のホンダCT50が発売された。ベースはスーパーカブであったが車名はホンダのみというのが特徴で、キャンプや釣りなどのレジャー用に製作された。

元来はアメリカ向けだったトレールCT90の日本向けというべきモデルでエンジン部はレ

ッグシールドを取り去り、ダウンチューブ状のクロームメッキエンジンガードを追加、ブリッジ付パイプハンドルに加えてビッグシートと6リッターの大容量タンクを持ち、スイングアームとリアショックはC65タイプでC50と外観的な差が随所にみられた。

フラッシャーはレンズカットが配光のよい平面型のCBタイプになり、またクロームメッキキャリアをいちはやく装備、その後のカブに標準化されてゆくパーツを先行採用した。CTの名に恥じないサブミッツション付でローレンジでは48km/hと18度の登坂力、ハイレンジではベースとなったC50と同性能であった。価格は65,000円に設定され、

1968年 スーパーカブの可能性を広めた副変速機付のCT50。

レジャーバイクとして同時期に販売されていたモンキーZ50Mより2,000円高だったが、翌年1月には4,000円の価格アップがされた。

(7)ポジションランプ付ニュータイプC90(-Z、-M)登場。

ホンダCT50と同時、1968年8月にニュータイプと命名されたスーパーカブの第一弾C90(C90-Z)が豪華仕様になって登場。フロント部にポジションランプが追加されたのが最大の特徴で、CT50同様にフラッシャーレンズはCBタイプに変わり、リアキャリアも鋼板プレスの塗装仕上げから、パイプ型クロームメッキになった。

左サイドカバー部にはホーンボタンを押すと点灯するキーランプとハンドルロック部照射システムを追加されC90は8,000円価格アップして76,000円に。またスーパーカブ系初の12V電装車でジュノオM80/85やN360と同じようなスターターダイナモを持つセル付C90M(C90-M)が新しく加わり、7,000円高の83,000円で9月から発売された。加えてC50(-J)、C50M(-M)、C65(-J)、C65M(-M)にも新型C90同様の大型レッグシールドが装備されC65、C65MについてはフラッシャーレンズもCB750タイプを装着して出荷された。

(8)2サイクル勢のライバル車対策から生み出されたC70

　生産累計500万台突破を記念して1969年1月にC90同様にフロントポジションランプ、左サイドカバー部キーランプとハンドルロック部照射システムが付けられたニュータイプ・スーパーカブにC65に変わるC70が加わった。ライバルの2サイクル・オープンフレーム型実用車は、外観的にカブと見極めがつきにくいほどにデザインされ、かつ66年のC65発売時点で先を読んでヤマハがメイトU70、スズキもU70を発売していたための対策モデルであった。

　70は65より6,000円アップしてC70(Z)打刻-Aで開始は66,000円、セル付C70M(ZM)打刻-Mで開始は50、65同様に7,000円高であったが、リアシートとサイドスタンドがC90同様に標準化されライバル達に並んだ。エンジンはC65の44mmボアをさらに3mm拡大した72cc、0.7psアップの6.2ps/ 9,000rpm、0.07kg-mアップの0.53kg-m/7,000rpmを発揮。最高速度はC65同様85km/hだが加速性を重視させたのが特徴である。なおC65と70両車はしばらくの間、並行販売がされた。

　同時に在来型ポジションランプなしC50の打刻-J、K、ニュータイプC50(Z)の打刻-N、P、Rが60,000円、セル付C50M(ZM)打刻-Zも67,000円と各3,000円アップでCBタイプのフラッシャー、メッキリアキャリア付になった。世界的なC70人気もあってスーパーカブ系は69年には累計600万台を突破することになった。70年10月にはニュータイプとしてC50にもサイドスタンドが標準化。その結果C50は62,000円、C50Mは69,000円と各2,000円アップ、またC70、C70M、C90、C90Mもそれぞれ2,000円アップ。車体番号は70年にC50(Z)が打刻-Sと-T、C70は打刻-Bと-Cに変わった。

1969年　C90に4ヶ月遅れで、ポジションランプ付のニュータイプになったC50とパワフルな新型車C70。

(9)デラックス型C50(K1)、C70(K1)、C90(K1)颯爽と登場

　1971年1月になると新型デザインのボディを持つスーパーカブ・デラックスがラインナップに加えられ、カブ史上でSOHCエンジン化とともに最も注目に値するニューモデルが誕生した。外観上の変化はタンクがC100以来のボルト締め別体から一新、左右からモナカ合わせされた鋼板プレスボディー内の内蔵式に、車体寸法が50から90までほぼ同じ数値に

なった。ハンドルはフライングスタイルと呼ばれるV字のカモメ型で全幅は655mmで15mm広がった。フラッシャーレンズは段付タイプを装備、50と70は新型テール、90はCB750用角レンズテールを装備して登場。このデラックス系の一体型デザインは、その後の国内向けカブに30年以上に渡って継承されてゆく秀作ともいえた。

C50DX-Iは2トーンシングルシートが68,000円、C70DX-Iは74,000円、セル付のC50MDX-I、C70MDX-Iはいずれも7,000円高。加えてロングシートのスポーティバージョンも加わった。C50DX-IIはセミロングシートにリアキャリア付で69,000円、C70DX-IIはダブルシートにリアキャリア付で75,000円、セル付はMDX-IIと呼び50、70ともシングルシート車の7,000円高だった。IIのつくスポーティモデルはいずれも輸出用モデルと同じ外観であったが、実用性を重んじる日本では荷物積載ができず不人気で、結局1年ほどの販売に終わった。ただデラックスのボディ内に収納された燃料タンクは50/70系が4リッター、90は5リッターの大容量でC50DXは従来よりも実用性がより高まった。

デラックスの車体番号は新たにC50、70、90-1000001と全車7桁ではじまる新しいものとなり、内蔵タンクは当初スチールだったがすぐにダックス系同様の内蔵プラスチックス製になった。C90DXは84,000円、セル付C90MDXは91,000円。すべてのデラックス系はいずれもヘルメットホルダー付で登場、はげない塗装のメタリックを採用したのも特徴で、ダブルシート仕様は90のみ設定されていなかった。

また従来からのスタイル車はスタンダードと呼ぶようになりC50の打刻-K、C50(Z)の打刻-U、C70Zの打刻-C、C90Zの打刻-B。セル付C50Mの打刻-M、C70Mの打刻-M、C90ZMの打刻6桁が継続して生産販売された結果、71年に累計700万台を突破。71年3月にはニュースカブ90が105,000円で発売、翌月50、70が追加された。またスーパーカブの車

1971年　流麗でスマートなスタイリングのデラックスが登場。従来モデルはスタンダードと命名。

体番号打刻は71年からアルファベットのないデラックス(K1系)の7桁と、C100以来の改善記号アルファベット付スタンダード系との生産販売がされていった。

(10)安全対策とオイルショックによる余波

　1972年型より安全な乗り方をしてもらうための「注意書きを記載したコーションラベル」を各部に貼り付け、ヘルメットホルダーを標準装備して発売、価格は据え置きとされた。73年10月の第四次中東戦争によるオイルショックと、自転車よりも少ない販売店側のマージンをアップするための価格改定が実施された。

　スーパーカブ系はすべて同様のアップ額として1万円高になった。スタンダード系はC50(-Z、-V)が72,000円、C70(-Z、-D)は78,000円、C90Zは88,000円。セル付M系はC50系がM(-M)M1(アルファベットなし車体番号)79,000円。C70系(M1、M)は85,000円。

　いずれもスタンダードのスタイル系で最終のセル付モデルとなり74年はじめまで販売された。またC90(M1)は95,000円になった。DX系はC50(K1)が78,000円、C70(K1)は84,000円、C90(K1)は94,000円に。セル付のMDX系はC50(M1)が85,000円、C70(M2)は91,000円、C90(M2)は101,000円と一般向けスーパーカブで10万円を超えた。またこの年ホンダはスーパーカブなど二輪車の熊本製作所生産計画を公表、80年には二輪車を年間72万台生産するとアピールした。

1973年　オイルショックによりガソリンスタンドの休日休業と原材料高騰で価格改定。だがスーパーカブ人気は衰えなかった。

(11)1974年C50K2/M2、C70K2/M2、C90Z1/K2/M2へ

　1974年9月には12,000円近くの価格アップを余儀なくされ、スタンダード系C50(Z)が84,000円、C70(Z)は90,000円、C90(Z)は102,000円、DX系はC50(K2)が90,000円、C70(K2)は96,000円、C90(K2)は108,000円になった。この値上げを機会にセル付はデラックスのみに設定され、名称もそれまでのMDXからDXMという名称になった。加えてデラックス系にオプション扱いであったフロント・キャリアが他社のライバル達同様に標準装備

になった。

　価格はC50(M2)が97,000円、C70(M2)は103,000円、C90(M2)は115,000円とC70デラックスのセル付が遂に10万円を超えた。1975年2月よりスタンダート系車体番号が通算してC50-Vまで使い切ったため新たなC50(Z1、車体番号開始C50-5000001)としてスタート。C70も72年3月以来の車体番号C70-Dが新たに(Z1、車体番号開始C70-6000001)となって発売が開始された。

(12)1976年よりC50はZ2/K3/M3、C70はZ2/K3/M3、C90はZ2/K3/M3へ

　価格改定が1976年1月に実施され、スタンダード系C50(Z1)は89,000円、C70(Z1)は95,000円、C90(Z1)は109,000円。DX系はC50(K2)が95,000円、C70(K2)は101,000円、C90(K2)は115,000円に。デラックスのセル付DXMは全車10万を越えC50(M2)が104,000円、C70(M2)は110,000円、C90(M2)は124,000円になった。

　76年4月からはデラックス系のフラッシャーランプが段つきレンズからスタンダード同様のCB750タイプに戻され全車の型式も変えられた。価格も一律5,000円アップしてスタンダード系C50(Z2)は94,000円、C70(Z2)は100,000円、C90(Z2)は114,000円。DX系はC50(K3)が99,000円、C70(K3)は106,000円、C90(K3)は120,000円に。セル付のDXM系はC50(M3)が109,000円、C70(M3)は115,000円、C90(M3)は129,000円になった。

　78年8月に価格改定を実施、スタンダード系C50(Z2)は100,000円、C70(Z2)は108,000円、C90(Z2)は124,000円に。DX系はC50(K3)が107,000円、C70(K3)は114,000円、C90(K3)は130,000円。セル付のDXM系はC50(M3)が117,000円、C70(M3)は123,000円、C90(M3)は139,000円になった。

(13)1978年に巻きタイプ・メガホンマフラー装備のC50、C70登場

　C50とC70系は1978年11月になると54年騒音規制に合わせマフラーを、それまでのモナカ合わせからCB750(K7)などと同じ巻きタイプのメガホンに改良した。また前踏み2−3速、

1978年　新たなるスーパーカブへの出発点ともいえるのがN-1-2-3 新シフトパターン、巻き構造新型メガホンマフラー、フロントキャリアなど装備の78年型50、70系デラックス。70のスイングアームも50のショート・リアショックタイプに変更。スタンダードも巻き構造マフラーを装備してリニューアル登場した。

後踏み1速のシフトパターンが変更され1速からの踏み込んでゆくリターン式のアップニュートラルになった。エンジンの性能数値もC50Eが39×41.4mm、49ccにて4.2ps/7,000rpm、0.44kg-m/5,500rpmに。C70Eは47×41.4mm、72ccにて5.7ps/7,000rpm、0.64kg-m/5,500rpmに。C90Eも50×45.6mm、89ccにて7.3ps/8,000rpm、0.69kg-m/6,500rpmと、全車がエンジンの出力ダウンを余儀なくされた。

　C50(ZZ)は105,000円、C70(ZZ)は113,000円、C90(ZZ)は124,000円。DX仕様はC50DX(KZ)112,000円、C70DX(KZ)119,000円。セル付DXMモデルは50(MZ)が122,000円、70(MZ)は128,000円でなったがC90系は変わらず据え置きになった。型式もホンダ車に共通した年式コードを採用、CB750FZの呼称でおなじみになった79年モデルに共通の年識別記号Zが機種型式の最後につけられた。

(14)新型C90シリーズ、85ccの新開発HA02Eエンジンで登場

　1980年3月になるとエンジン、車体系の全車共通化というスーパーカブ史上でかつてない大改革が実施された。とくにC90系はCD90系とともにC70のストロークアップ版となった。スーパーカブ90デラックスC90の搭載エンジンは、型式もHA02EとなりボアはC70と同じ47×49.5mmロングストロークを採用した85ccとなった。

　圧縮比数値8.8や、カムシャフトのタイミングなどもC70と同じに設定され、性能は6.8ps/6,500rpm、0.79kg-m/5,500rpmと、C90Eの89cc系よりはやや出力ダウンしたもののトルク値は0.1kg-mも向上、出力発生回転数が1,500rpm、トルク発生回転数も1,000rpm以上下がり、車重82kgの軽量化とあわせて実用性能的には大きな飛躍をみせた。キック始動C90DX(A)とセル・キック始動C90DXM(MA)がラインナップ、価格は据え置きにされた。

(15)燃費のよいエコノパワーエンジン時代を迎える

　1981年2月にはスーパーカブ系全車の改革が実施された。ホイールベース1,175mmは変わらないものの全長が5mm少ない1,800mm、全幅は5mm増の660mm、全高も25mm増の1,010mmになって車体は一新。C50、70、90全車が共通の車体となり、ハンドルバーも新型のフラット・バー・タイプになり、デラックス系はフラッシャーレンズが大型魚眼タイプになり、それまでのスーパーカブのイメージを一新。ただしスタンダードには70年代から続くCB750型フラッシャーレンズが継続採用された。

　リアフォーク部分は旧C50と同じスタイルの鋼板プレス部が立ち上がったリアショックの短い方式に統一された。特筆すべきはスタンダード系がフロントのキャリアはないものの、ガソリンタンク内蔵のDX＝デラックスと同じボディスタイルに生まれ変わったことである。シートは新型のすべリ止めのタックロールパターンが上部につけられた。

　エンジン部も71年以来続いたデラックス型の特徴である左右クランクケース・カバー前部に設けられた横格子型のエアー抜き部分がなくなったのが外観上の大きな変化であった。

以に充実。乗りやすさ、使いやすさがグンと向上しま

1981年 ハンドル部をフラットにして大型ウインカーに変更。新採用のCDI点火などエンジンを一新。

C50系には走行速度30km/hにおいてリッター105kmという燃費のよいエコノパワーエンジン時代へのプロローグとなったC50Eエンジンが新開発された。クランク、クランクケースなどを含めて全面的に見直され39×41.4mm、49cc、圧縮比9.5の数値は変化ないものの、出力4.5ps/7,500rpm、0.48kg-m/5,500rpmと従来より0.3psアップされた。

　往年のスーパーカブ標準値に戻り、低中速域での出力向上とトルク増大に加え燃費も向上したが、技術的には効率よく燃焼させるためコンパクトな燃焼室を採用、クランクシャフトを高速型のSS50系から見直したクランクピン径を小さくした新型に変更、ピストンリング厚みを1mmに薄くするなど往復部分の軽量化、フリクション・ロスの軽減化を実施、加えてホンダの2サイクル車や郵政カブMDに先行採用していたCDI点火を新採用、燃費向上と出力アップに貢献することになった。

　C70（DB）のC70EエンジンにもCDI点火を採用、47×41.4mm、72cc、圧縮比8.8にて5.7ps/7,000rpm、0.66kg-m/5,500rpmになり0.3psアップ、トルク値も向上、燃費も各部を見直してC70Eでは旧60から75km／ℓに。価格はスタンダードC50＝C50（DB）114,000円、C50DX＝C50（DB）122,000円、C70系はDXのキック始動車のみになりC70（DB）129,000円に設定された。

　C90（DB）のHA02EエンジンにもCDI点火を採用、出力は変化ないもののキャブレターが変更され燃費が旧65から75km／ℓに向上。キック式C90DX（DB）の価格は140,000円。セル付DXM系は新たに軸方向の短い12V小型モーターが開発されクランクケース部左側に装備、レッグシールドは左のみの逃げになった。セル付はC50（DMB）が132,000円、C90（DMB）が150,000円に設定された。

(16)トレッキング時代にむけてCT110を投入。

1981年10月にはホンダJD01（型式）のCT110（B）が発売された。69年からアメリカ向けにリリースされてフロントがテレスコピックフォークになったCT90が、80年に105ccになったのを機会に国内投入。

国内向けCTは1968年のCT50以来のモデル投入で、81年3月発売のCT250Sシルクロードおよび4月発売のTL125Sイーハートーブなど「トレッキングバイク」の第3弾として企画したものだった。

エンジンはC90をベースにクランクなどを変更したATC110ベースになり52×49.5mm、105cc、圧縮比8.5によって7.6ps/7,500rpm、0.85kg‐m/6,000rpmに4速を組合せていた。北米仕様は副変速機付であったが日本向けは省略。またオーストラリア向けには郵便車仕様車が出荷された。

(17)SDX／スーパーデラックス、異形ヘッドランプで登場

1982年4月には「乗る気にさせる新型」として異形角型ヘッドランプを持つスーパーデラックスEDと呼ばれるC50（DC-II）が加えられた。従来のスーパーカブとは一線を画すテールまでの直線的スタイルを持ち、ヘッドランプやフラッシャーの形状に角型を採用したのが特徴でこれまでにない個性的なイメージにまとめられていた。

これは当時の呼び名でアセアン＝東南アジア各国における生産車や、またブラジルなど世界戦略車的なデザインがされての鮮烈デビューであった。ED（エコノミー・ドライブの略）ポジションランプ、電気式燃料メーターなど豪華装備に加えてエコノパワーエンジンはさらに熟成、さらなる改善がされ出力も圧縮比9.8と0.3アップし、出力なんと1psアップの5.5ps/9,000rpm、0.48kg-m/6,500rpmはカブ史上で最強モデルになった。

1982年　スーパーデラックスが登場すると車体が全車新型になり、ロング・リアショックタイプ・スイングアームを採用したのが大きな変化。シートカバーや大型キャリアがオプション設定された。

燃費も新開発4速部をオーバートップエコノミードライブ付で150km／ℓ、ビジネス型モーターサイクルのCDをも凌ぐ高性能・高経済50cc車となった。スーパーデラックス系C50SDXキック式は（DC-II）137,000円、セル付C50SDXM（DMC-II）は148,000円。また「スーパーマン・カブ」の名で車体塗装を赤、エンジン駆動系を黒く塗ったC50SDX「赤カブ」が150,000円で同時期に販売された。

　またC70SDXは圧縮比8.8と従来のC70系と変わらないものの0.3psアップの6.0ps/7,500rpm、0.66kg-m/5,500rpmになり、燃費も80年型の60km／ℓ、81年型の75km／ℓ より向上し82年では80km／ℓ に向上。また70はSDX（DC-II）キック式1車種のみに整理され149,000円。

　C90系のHA02Eエンジンは、圧縮比8.8は変化ないものの0.2psアップの7.0ps/7,000rpm、0.79kg-m/5,500rpmになり燃費も80年型の65km／ℓ、81年型の75km／ℓ からアップし82年型では80km／ℓ をマークした。C90SDX（DC-II）キック式は160,000円、C90SDXM（DMC-II）セル付は171,000円でカブ全車が着実に燃費向上を達成するに至った。

　従来スタイルのC50系は圧縮比9.8はSDXと同じながら4.7ps/7,500rpm、0.49kg-m/5,500rpmと実用トルクと130km／ℓ と3速ながら燃費性能をアップしてリニューアル。ラインナップは価格改定がされスタンダードC50（C-I）と新聞配達用にロータリーチェンジを採用したC50PRO（C-IV）が旧型フラッシャー付で登場して119,000円。C50DX（DC-I）が127,000円。C90DX（DC-I）は150,000円に設定。

　全車ミッション部に新開発のドラムストッパーが組み込まれ、通常はリターン変速であるがトップで走行中、信号待ちで停止状態になった時のみペダルでニュートラルをさがすよりも、再スタートに便利なように踏み込んでニュートラルからローにシフトできる方式にしたことから「新ロータリー」方式と命名された。またリアフォークはC65以来の立ち上がりの少ないロング・リアショック方式となり剛性アップされた。

(18)生産累計1,500万台突破後にC50スーパーカスタム登場

　スーパーカブ生産累計1,500万台突破を達成後の1983年2月になると150km／ℓ を誇ったC50SD系がグレードアップしてC50SC＝スーパーカスタムに名称変更、スモークのメーターバイザーが追加装備されて発売。エンジンがさらに改善されて圧縮比10.0に高まり5.0ps/8,000rpm、0.50kg-m/6,000rpmと実用トルクと市街地での加速性を重視したものになり、加えて吸入ポート部にチャンバー室を設ける等の改良によって、なんと燃費はクラス最高の180km／ℓ を達成した。

　これはライバル関係にあったヤマハが発売した5.0ps、4速、160km／ℓ のタウンメイトに負けじと放ったモデルともいえた。またフロントにはボトムリンク式サスペンションにありがちな浮き上がり防止のアンチリフト機構を装備、以後のカスタム50系のみに継承されていった。またカスタムの名称は東南アジアの現地生産車にも若者向けにアピールさせ

1983年 スーパーカスタムの登場により、驚異的なリッター180kmを実現。新エコノパワーエンジン部には副吸気通路と吸気チャンバーを内蔵、スワール効果によって燃費を向上。流行のスモークスクリーンがメーターをより豪華にした。

るため使用された。外観上はフラッシャーランプはテールカウル左右に組み込まれていたが、日本国内向けのカスタムはフラッシャー別体であった。スーパーカスタムはキック式C50SC（DD-II）が144,000円、セル付のC50SCM（DMD-II）は155,000円であった。

　また従来型スーパーカブは83年4月に圧縮比10.0で5.0ps/8,000rpm、0.51kg-m/5,500rpmエンジンを搭載したC50系が登場、スタンダードC50（D-I）とプロ（D-II）両基本型が124,000円、C50DX（DD-I）が132,000円と5,000円アップされた。さらにC50系のみ83年10月に圧縮比10.0で4.5ps/7,000rpm、0.52kg-m/4,500rpmと低回転時の実用性を向上したエンジンを搭載して登場。価格が一律2,000円アップ。スタンダードC50（E-I）とプロ（E-IV）両基本型が126,000円、C50DX（DE-I）が134,000円。スーパーカスタムのキック式C50SC（DE-II）が146,000円、セル付のC50SCM（DME-II）は157,000円で赤カブがセル付に標準車で設定された。なお70と90は変更なく価格も据置きになった。

(19)生産累計1,650万台を記念してハロゲンヘッドランプなど新採用

　スーパーカブ生産累計1,650万台を達成したのが1985年。これを記念して86年7月にカブ全車がカラーリングとストライプなど、各追加変更とシートのデザインを座りやすく一新した新型となって登場した。全車に30Wハロゲンヘッドランプ、MFバッテリー、キー付タンクキャップ、C50基本型は機械式他車は電気式燃料計を標準装備するなど、これまでになくグレードが高められた。

　ラインナップもC50系では180km／ℓ を誇るスーパーカスタムの呼び名がセル付のC50カスタム（CMG）になり価格1.9万円高の165,000円。基本型C50スタンダード（SG）と前年にC50プロがビジネス（BG）と名称を変えて価格9,000円アップの135,000円、C50DX（DG）は1.1万円高の145,000円になる。C70は旧スーパーデラックスが50同様にセル付C70カスタム（CMG）にレベルアップし2.1万円高の170,000円、またC70に4年ぶりにDX（DG）が復活して150,000円。C90系はDX（DG）の価格が1万円高の160,000円。SDXのセル付はC90カ

1985年 全車とも電気系をレベルアップ。ハロゲンヘッドライトや補水不要のMFバッテリーを採用。

スタム（CMG）となり9,000円高の180,000円に設定。

　3速車の変速方式の呼び名が「新リターン」に変更されたが、トップ停車時にのみ踏み込むとニュートラルになる方式など機構操作的に変化はなかった。また87年8月にはC70DX（DH1）、C70カスタム（CMH2）に型式変更されたが主要部分の変更はなかった。

（20）新聞配達用に別体サブヘッドランプ装備のプレスカブC50が誕生

　1988年2月に実用的な新機種としてプレスカブC50が誕生した。新聞配達用に大型フロントバスケットを標準装備、バスケット前部には積載状況に応じて切り替えできる別体30Wサブヘッドランプをフロントキャリア前部に配置したのが特徴であった。

　乗降しやすいようにプレーンレザーのシートを採用、後部荷台も340×525mmの大型化したものを装備。粘り強いエンジン特性に加え、強力な制動力を得るため後輪には重積載に対応させた2.50-17タイヤと、太い17mm径の車軸と250ccクラス用130mm径ドラムブレーキハブを装備。さらに発進停止使用頻度の多さにマッチさせたビジネス同様に3段ロータリーチェンジを採用したため、3速インジケーターをメーター内に追加。冬季に有利なキャブヒーターもおごられた。

　こうした配慮がされたプレスカブ・スタンダードC50（BNJ-1）の価格はC50スタンダードより1万円高の149,000円に設定。プレスカブC50DX（BNDJ-1）はグリップヒーター付で

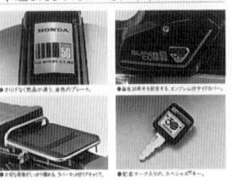

精悍なる、機能美。誕生30年を記念した カブ・スペシャルです。

1988年　ブラック＆ゴールドのスーパーカブ誕生30周年スペシャル。カスタムをベースに製作された。

159,000円。またプレスカブのフラッシャーは、デラックスも補修上からか従来のCBタイプが装備された。

　加えて88年4月にはC50カスタムベースの「スーパーカブ・スペシャル」生産30周年記念車がブラック＆ゴールドの豪華仕上げ、ラバーマットキャリア、記念マーク入りスペシャル・キー付。価格165,000円で5,000台が限定発売されている。

(21)タイ・ホンダ製CUB　C100EX、ダブルシートで登場。

　1988年7月にはテストケースとしてタイから「CUB100EX＝EXPORT」を2,000台限定で輸入した。タイ本国では「ドリーム100」と呼ばれた1986年から登場していたモデルで、外観的には国内向けカスタムの発展型といえる直線的スタイルに、久しぶりのフロント別体ポジションランプを装備、フロント・テレスコピックフォークによる走破性の高さが売りであった。

1988年　スーパーカブは東南アジアでは、1台に家族数人が乗って走るトランスポーター的使われ方をしてきた。また不整地にも対応できるようにフロント・テレスコピック・フォークを装備、排気量も100ccとなる。タイからこのドリーム100を輸入、日本ではCUB100EXとして親しまれた。

当初はタイ本国仕様車同様にフロントキャリア、ダブルシートにリア・グラブバーを装備。エンジンはHA02の2mmボアアップ版といえ、HA05型は50×49.5mm、97.2cc、圧縮比8.8にて8ps/8,000rpm、0.83kg-m/6,000rpmの高性能を発揮した。始動は圧縮抜きのデコンプ・カムを組み合わせたセル・キック併用式を採用。停止時のみロータリー変速となるリターン式4速ミッションは駆動トルク増大に合わせた発進用のシュータイプ遠心クラッチをクランク部に、変速時には湿式多板の断続クラッチをミッション側に装備するなど、それぞれ独立させているのが特徴であった。

車名タイホンダHA05、C100（CMJ）はブラウン系の車体カラーを持ち、88年に価格210,000円で市販。平成元年となった89年5月にタイホンダHA05がNEWCUB100EXの名で輸入販売されたが、カラーリングがブルー系になり、新たにリア・キャリアを装備した点が大きな変化で車名タイホンダHA05、C100（CMK）は価格も208,000円にやや低く設定された。

(22)平成のカブ、各部グレードを高めて改善される

平成を迎えた1989年10月、国内生産型スーパーカブC50のトップバッターは、需要の多いプレスカブであった。外観上の大きな変化はハンドル部分からフラッシャー・ランプが外され、フロントバスケット下部に移動したことでスタンダードC50（BNK）は150,000円、デラックスC50（BNDJ）は160,000円で1,000円の価格アップとなった。

生産累計2,000万台を突破した91年10月には改良型スーパーカブが登場、外観上ではプレスカブ系のプレーンレザーシートをスタンダードとDX系に装備、カスタムは新型タックロールシートが装備された。スーパーカブ各車の車体カラーが見直されC50スタンダードおよびビジネス、C50プレスカブ・スタンダードに例をとると、ホワイトサイドカバーが装着されブルー、グリーン系を含む3色カラー・ラインナップのうち、グレーがブラックになるなど変化がみられた。

C50スタンダード（SM1）は1万円アップした新価格145,000円で登場、C50ビジネス（BM1）も同様。プレスカブ・スタンダードC50（BNM-1）は162,000円、プレスカブC50DX（BNDM-1）グリップヒーター付は172,000円。C50DX（DM1）158,000円とC50カスタム

1991年　スタンダード、ビジネス両車に採用されていたCB750タイプのウインカーレンズ、C70グラス旧タイプヘッドランプの最終モデル。サイドカバーはプレスカブ・スタンダードを含めてホワイトになったのが、この頃のスタンダードの特徴である。ヘッドランプは93年より常時点灯式を採用。

（CMM2）178,000円は1.3万円高。C70DX（DM1）161,000円とC70カスタム（CMM2）181,000円は1.5万円高。C90DX（DM1）161,000円は7,000円高、C90カスタム（CMM2）188,000円は1.4万円高に設定された。

（23）魚眼大型フラッシャーレンズをスタンダードにも採用

　1993年3月に発表、4月から発売された新装スーパーカブはC50スタンダードとC50ビジネス、C50プレスカブ・スタンダード全車が前回のマイナーチェンジでホワイトサイドカバーが装着され、デラックスとの見極めがしやすくなったため、68年以来継承されて続けてきたCB750タイプのフラッシャーレンズが、デラックスと同じ大型魚眼タイプにグレードアップ。加えて丸型ヘッドランプ車のヘッドランプがプレスカブを除いて新型になった。

　価格はC50スタンダード（SP1）とC50ビジネス（BP1）は4,000円アップの149,000円。C50DX（DP1）は162,000円、C50カスタム（CMP2）は183,000円、C70DX（DP1）は166,000円、C70カスタム（CNP2）は187,000円、C90DX（DP1）は173,000円、C90カスタム（CMP2）194,000円と20万円に近づいた。プレスカブ・スタンダードC50（BNP-1）は170,000円、プレスカブC50DX（BNDP-1）はグリップヒーター付で182,000円となった。カラーリングの見直しがされプレスカブを除く全車がブルーまたはグリーン系の2色のみとなった。

（24）タイ製NEWスーパーカブC100、シングルシートで登場。

　1994年1月に5年ぶりに日本へ輸入再開されたタイ・ホンダ製のC100は、NEWスーパーカブ100の名称になって登場、「選り抜きのビジネスパートナー」のキャッチフレーズがつけられシングルシート＋荷台＋サイドスタンド付になり本格派のビジネスバイクに変わった。旧タイカブと同じHA05型エンジンながら、タイ本国仕様の圧縮比8.8から出力8.5ps/7,500rpm、0.88kg-m/6,000rpmに対して同7.5ps/8,000rpm、0.81kg-m/6,000rpmとマイルド化したものであった。

　スタイリングは92年に登場した、タイの若者向けのニュードリームと同じでスマートのものだが、ダブルシートでないことが使用状況の違いを明白にしていた。搭載エンジンはHA05ながら、車名はタイホンダ、型式はHA06となり機種名C100（MP）のブルーメタリック車が209,000円で販売された。

（25）C100カスタム含めて合計11機種をフルラインナップ

　1995年2月には全車グリーンとブルー系のカラー変更とグラフィックチェンジが行なわれ、スタンダードとDX系シート下に大きな袋文字のHONDAロゴマークが配置された。

　価格改定もされ6,000円アップがC50スタンダード（SS1）とC50ビジネス（BS1）155,000円、プレスカブ・スタンダード（BNS1）170,000円。4,000円アップはC70DX（DS1）の170,000円、C90DX（DS1）の177,000円。3,000円アップはC50DX（DS1）の165,000円、C50

1995年 93年よりスタンダードにも大型魚眼フラッシャーレンズを装備。ヘッドランプはプレスカブについては、依然として旧型ヘッドランプレンズ＆リムを装着していた。93年モデルとの違いはブルー系のカラーが変更、グリーンについては継続採用された。

カスタム（CMS2）は185,000円、C70カスタム（CMS2）の190,000円、C90カスタム（CMS2）の197,000円。またプレスカブDX（BNDS1）は5,000円アップの182,000円となる。

　加えて荷台がついたため人気が高くなったタイ・ホンダ製C100もやや異なるブルー系カラーのスーパーカブC100カスタム（MS）を輸入、価格は215,000円と6,000円引き上げられた［口絵参照］。このC100の追加ですべてが新型としてスーパーカブの50から100までのフルラインナップを形成することになった。

(26)パンクの防止に優れた効果を発揮するタフアップ・チューブ全車に装備

　生産累計2,500万台と突破したロングセラー・スーパーカブに、1996年12月よりカブ全車にパンクの防止に優れた効果を発揮する「TUFFUPタフアップ・チューブ」が装備され

1996年 キャストホイールとチューブレスタイヤ装着車が全盛の時代に、依然としてパンクの不安につきまとわれていたスポークホイールに、ホンダ技術陣が取り組んだのが「パンクのしにくいタフアップチューブ」の開発であった。17インチのスーパーカブに加え14インチのMDにCD, CL, CT110、マグナ、ラクーンにも逐次採用されてゆく。

た。ホンダではユーザーや販売店が最も困るトラブルであるパンクの解決に真剣に取り組んだ。

　特に夜間や休日のパンクはお互いにめいわくが掛かると判断して市販されていた液体パンク防止液などの欠点を解決したタフアップ・チューブの実用化に成功したのである。一般的液体パンク防止液は液そのものが回転時の遠心力によってチューブのトレッド面側に押さえつけられるが、低速時などは液の飛散が少なく効果的でない。タフアップはチューブ・トレッド面側を2重にして、その中に防止液室を設けたものである。従ってどの部分でも均等に液があるためパンクを防ぐ効果が高いことになる。

　開発目標は氷点下15度から東南アジアを想定した40度の環境下で直径1〜5mmのピンであけた穴を3秒以内にふさぎ、通常のチューブと同等の耐久性と扱いやすさを持つ　という過酷な条件であった。10,000kmにわたる耐久テスト後には、ホンダ初の商品であり市場モニターを実施。新聞販売店で96台を4ヵ月間テスト、結果は従来比較で、パンクを90％も減らした。

　タフアップ装着カブが発売され、9ヵ月経過後、さらにパンク発生率が少なく、半数以上の販売店でパンク発生ゼロとなりその効果は絶対的なものになった。機種名の後半部が新表記に変わり、価格は全車据え置かれC50スタンダード（SV）とC50ビジネス（BV）は155,000円、C50DX（DV）は165,000円、C50カスタム（CMV）は185,000円。C70DX（DV）は170,000円、C70カスタム（CMV）は190,000円。C90DX（DV）は177,000円、C90カスタム（CMV）は197,000円、プレスカブ・スタンダード（BNV）は170,000円、プレスカブDX（BNDV）は182,000円であった。

(27)小径14インチタイヤのリトルカブ誕生、ホンダ二輪車の1億台目に

　1997年7月に発表、8月に発売されたのがスーパーカブの小径ホイール車であるリトルカブである。サイドカバーに「LITTLE CUB」マークを入れて14インチのホイールサイズを強調、スーパーカブの17インチから14インチ・リムのホイールに落としたことでシート高も735mmから705mmと荷台も含めて車体全体が30mm低くなった。乗降しやすくなり、加えて実用車からオシャレなバイクに変身。

　車体は総体的に見直されホイールベース1,185mmと10mm伸び、全長はタイヤ直径の縮小で30mm短い1,775mm、全幅は660mmと変わらないものの、ハンドルバーを「初代デラックス」に近い、かもめ的な「フライングライン」のV型に近い形状にして全高は50mm低い960mmに。ちなみに66年登場の初代C50の全高は975mmで、リトルカブとの差はわずかに15mmであった。

　しかし単に車輪を小径にするのではなく、リアフォークの垂れ角を大きく、フロントフォーク長を伸ばしてフレーム地上高をレギュラーのスーパーカブに近づけた結果、わずかに15mm低い115mmになってキッククランク下側スペースやバンク角を確保するよう工夫

がされた。

14インチホイールは73年以降のスーパーカブ・デリバリーMD50、70、90シリーズに2.75-14が装備されてきたが、リトルカブはフロント2.50、リア2.75サイズの新開発トレッドパターン・タイヤと、パンク防止に効果的なタフアップ・チューブが装備され、高い実用性を確保。カラーリングも明るめのレッド、グリーン、シルバーを採用、リトルカブ（C50LV）の価格は159,000円に。また10月13日の熊本製作所におけるジャイロ、ATCなどの三輪バギーなど含めた、ホンダ二輪車の世界生産累計1億台のラインオフ車にホンダの代表車として抜てきされ、またスーパーカブも累計生産台数2,650万台になった。

(28)安全面から全車マフラーガード装備、リトルカブのセル付を追加

1998年7月、ホンダは本田技研工業の創立50周年記念「50thアニバーサリーモデル」として3車種を限定販売した。CB400SUPER FOURバージョンS、スクーターのDio ZXとともにリトルカブが加えられた。他の2台は65年のホンダF-1レースカーをイメージしたホワイトのレッドを配したカラーであった。しかしリトルカブについては、58年発売の「初代スーパーカブC100をイメージしたマルエムブルーのカラーと渋いチャコール系シートを採用」、レギュラーモデルと同価格のリトルカブ50thアニバーサリーモデル（C50LW）は159,000円で3,000台が限定発売された。

また98年12月にはスーパーカブ系全車の見直しがされた。安全対策上から全車にマフラーガードが装備された。スーパーカブ系は70と90のフロントブレーキ径を110から130mmにサイズアップして高い制動力を確保。同時発売のリトルカブにはキック併用のセル始動仕様が追加され、新たにリターン式4速が組み込まれた。車重は2kg増にとどまったため30km/h定地走行テスト値でリッターあたり3速の125km/ℓ からオーバートップのギア比により132km/ℓ に向上した。

価格は全車据え置かれC50スタンダード（SX）とC50ビジネス（BX）は155,000円、C50DX

2000年　99年東京モーターショーに展示された、パソコン等の素材と同じスケルトン素材をレッグシールドに採用して3,000台限定発売された新春スペシャルモデルのリトルカブ。サイドカバーにも樹脂メッキを採用するなどプラスチックス技術の可能性に挑戦したモデルでもあった。

（DX）は165,000円、C50カスタム（CMX）は185,000円。C70DX（DX）は170,000円、C70カスタム（CMX）は190,000円。C90DX（DX）は177,000円、C90カスタム（CMX）は197,000円、プレスカブ・スタンダード（BNX）は170,000円、プレスカブDX（BNDX）は182,000円。リトルカブ・セル付（C50LMX）は179,000円、リトルカブ・キック（C50LX）は159,000円であった。

(29)C50用AA01Eエンジンが国内新排出ガス規制に適合

歴代スーパーカブに搭載されてきたボア・ストローク39.0×41.4mm、49ccにて圧縮比10.0、4.5ps/7,000rpm、0.52kg-m/4,500rpmのC50Eエンジンは最後の搭載となり、1999年9月をもってC50系エンジンが国内新排出ガス規制に適合させたAA01Eエンジンに全面変更された。

ボア・ストロークと圧縮比の数値は変わらないものの、キャブレターのセッティング変更とブローバイガス還元装置の採用で4.0ps/7,000rpm、0.48kg-m/4,500rpmの性能になった。C50ビジネスが消えるなどラインナップも整理されC50スタンダード（SY）は155,000円、C50DX（DY）は165,000円、C50カスタム（CMY）は185,000円。プレスカブ・スタンダード（BNY）は170,000円、プレスカブDX（BNDY）は182,000円と据え置かれた。

リトルカブに関してはサイドカバーステッカーを廃止して、変わりにシート下部に往年のエンブレムを模したレトロ調ステッカーを貼り付け、ボディ同色キャリア採用などファッションをアップしたため5,000円アップしてセル付（C50LMY）は184,000円、キック（C50LY）は164,000円になった。

(30)リトルカブ全盛、2000年スペシャルモデル2種を限定発売

2000年1月にリトルカブ2000年スペシャルモデルを限定発売、車体はシャスタホワイト、レッグシールドはナチュラルホワイト＝スケルトン素材、サイドカバーにクローム樹脂メッキを採用、専用サイドカバーマーク車を3,000台発売。価格は3段のキック仕様（C50LY）が169,000円、4段のセル・キック併用車（C50LMY）は189,000円とベース車の5,000円アップにとどまった。

8月にはリトルカブのブラック・スペシャルカラーを限定発売。車体にピュアブラックカラー、サイドカバーにクローム樹脂メッキ、レッドのサイドカバーマーク採用のモデルでグレーのスピードメーターを装備して4,000台を発売。価格はナチュラルホワイト限定車と同じであった。

加えて同月にタフアップ・チューブ車の国内生産車累計が3年8ヶ月で50万台、100万本を突破した。これにはスーパーカブ362,352台、リトルカブ69,846台、スーパーカブ・デリバリー41,060台をはじめ、ベンリイCDとCL、マグナ・フィフティ、電動アシスト自転車ラクーン、オーストラリア向けCT110郵便車が含まれていた。

(31)スーパーカブC90も国内新排出ガス規制に適合

　生産累計2,850万台を記録したスーパーカブの国内向け最上級モデル、スーパーカブC90が2000年9月を期して国内新排出ガス規制に適合させた改良型HA02Eエンジンを搭載して登場、47×49.5mm、85ccHA02Eエンジンは圧縮比9.1、7.0ps/7,000rpm、0.79kg-m/5,500rpmと適合前と同じ数値を保って規制クリヤーに成功した。3段リターン変速を採用し60km/h定地燃費60km/ℓを継続、基本設計20年を経たHA02Eエンジンのフレキシブルさには驚かされるものがあったが、ベースになったC70Eについてはエンジン統合策によって生産ラインから姿を消した。価格は据え置かれC90DX（D1）が177,000円、キック・セル始動のC90カスタム（CM1）は197,000円に設定された。

　2001年3月にはスーパーカブ50スタンダードの新色追加として、リトルカブのシルバーメタリック系、イエロー系カラーリングや小型キャリアを採用したカスタム化を実施、若者達に流行のストリート・スタイルを反映させたもので価格はC50（S1）が164,000円と通常のC50スタンダードより9,000円高に設定、さらなる需要促進をはかったのである。

　2002年2月には、トップカバーのエンブレムやステッカーを一新、また盗難防止システムとして開発されたホンダアクセス製のアラームキット（別売）が装着可能となるプレワイヤレスリングを新たに装備。この頃になると数々の改良や熟成を加えられてきたスーパーカブは、完成の域に達したといえる。

(32)スーパーカブ・シリーズに電子制御燃料噴射システムと触媒装置を装着

　2007年9月、平成18年国内二輪車排出ガス規制に適合するためにスーパーカブシリーズにも環境性能を向上させる電子制御燃料噴射システム（PGM－FI）と排気ガスを浄化するための触媒装置（キャタライザー）を装着して発売。リトルカブも10月に同様の変更を受けた。どちらも外観には大きな変更は加えられていないが、クランクケースをいままでのシルバーからブラックに変更、マフラーガードもその形状が変えられて、メーター部に排気音センサーも新設されている。

　2008年現在、スーパーカブ・シリーズは15カ国で現地生産され、これまで160カ国以上で販売されている。エンジンメカニズムに関連した大きな変更は、新しい時代に対応するために施された改良であり、スーパーカブ・シリーズは、生活に密着した実用車としての実力をさらに磨き、さらに世界の市場に受け入れられることになるだろう。

※2018年追記

　2009年6月にスーパーカブ110を発売、同年10月にスーパーカブ110プロを発売した。また同年11月には、スーパーカブが日本自動車殿堂の"歴史遺産車"に選定されている。

　2012年にはスーパーカブ・シリーズの各モデルを順次中国での生産に移管して、各モデルの希望小売価格を下げた。2014年にはスーパーカブの形状（スタイル）が特許庁から認められ、自動車業界で初の「立体商標登録認可」の快挙を成し遂げた。2017年10月にスーパーカブ・シリーズの生産を中国から熊本製作所に移し、フルモデルチェンジを実施、同時に世界累計生産台数が1億台を突破している。

スーパーカブ・デリバリーMDの変遷（1971年～1999年）

(1)ホンダ製赤バイク、白バイ、赤バイに続いて登場

　ホンダの官公庁向けバイクのプロローグとして、古くは東京ガス向けグリーンのベンリイJ型90ccや関東電気工事向けのイエローのベンリイC90、125ccなどが用いられていた。1960年代には日本電信電話公社(現在のNTT)が電報の配達が盛んで、ブルーのスーパーカブを採用したこともあった。郵政省で「赤バイク」が増えるのは乗車用服装が制定された1966年以降であり、すでに郵便バイクはラビット・スクーターをはじめスズキやヤマハが納入をしていた。

　ホンダは郵政省から「赤バイク」の製作依頼を受けて、まず67年頃からC50およびC90(Z)郵政省向け特別車を、市販のボトムリンク車をベースに大型特製フロントおよびリアキャリアを装備して納入していた。その後70年10月の東京モーターショーにホンダは警視庁向けのCB750白バイ、消防庁向けのCB350赤バイを展示して官庁向けの信頼を絶対のものにした感があった。そうしたことも影響したのか郵政省から、郵政レッド塗装の「赤バイク」の依頼を受けて、急遽、短期間で開発したホンダデリバリーMD90K0が鈴鹿製作所の生産ラインを流れたのは71年2月のことであった。

　MDとはMail(郵便)Delivery(配達)の略、ベース車にはC90とアメリカ向けのトレール車CT90を選択合成、フロントにテレスコピックフォーク＋アップハンドルを組合せてCDのフェンダーを装着、前後とも17インチタイヤ。特製フロントキャリアに「プレスカブ的」別体ヘッドランプを組み合わせ、後部荷台も大型化した。MD90(K0)は2,625台が生産され納入を開始した。エンジンは専用設計のMD90Eで50.0×45.6mm、89cc、圧縮比8.2はC90に同一。最高出力発生回転数を1,000rpm低くした7.5ps/8,500 rpmながら、最大トルク・発生回転数はC90と同じ0.67kg-m/6,000rpmであった。

(2)小径サイズ2.75 - 14前後タイヤを新開発

　その後、郵政省と共同で開発をすすめた結果、72年8月よりMD90(K1)を生産し納入開始。乗降時の動きやすさ、重積載時の低重心の安定性を狙って小径サイズ2.75 - 14前後タイヤを新開発。フロントフェンダーはCDタイプの小ぶりなものに変わった。

　第1種原付免許所有者が乗れるよう、また軽量積載の保険業務に対応させ、73年11月にはMD50(K0)とMD70(K0)が生産に入った。C50、C70の車体をベースに、最初からテレスコピックを採用、フロントフェンダーが泥地帯の走破性向上のため浅いスポーティなものに変更され名称も「スーパーカブ・デリバリー」と命名された。

　エンジンはカムシャフトなど市販型C50およびC70Eベースながらキャブレターなど変更、最高出力発生回転数を1,000rpm、最大トルク発生回転数を1,200rpm低くした低速時のスタートダッシュ力を重視したMD50Eという別設計のものを搭載した。39.0×41.4mm、

1972年　郵便カブの愛称で親しまれてきたスーパーカブ・デリバリーの前身はフロント・ボトムリンク・フォークのC50、70、90の改造車であった。その後に本格的デリバリー車の依頼があり最初に前後17インチのテレスコピック・フォーク車を短期で製作。72年より郵政省との共同開発で初の14インチ小径ホイールを採用したのがこのMD90K1。これは配達用で大型フロント＆リアキャリアを装備していた。

49cc、圧縮比8.8にて4.0ps/9,000rpm、0.35kg-m/7,000rpmを発揮。MD70Eは50の4mmボア拡大版で、カムシャフトなどC70ベースながらキャブレターなどを変更、最高出力発生回転数を2,000rpm、最大トルク発生回転数を1,000rpm低くした47.0×41.4mm、72cc、圧縮比8.8にて5.0ps/7,000rpm、0.54kg-m/6,000rpmを発揮してMD50より、かなり強力になった。

(3)フロントフェンダーを浅型にしてスタイル統一

　1976年10月には騒音対策を施し吸排気系に手を加えたMDの改良型として、まずMD50(K1)とMD70(K1)が登場。MD50Eエンジンは出力発生回転数を500回転落として実用性を向上、3.8ps/8,500rpm、0.53kg-m/6,000rpmに。MD70Eエンジンはキャブレターの変更でやや高回転域が伸び5.0ps/7,500rpm、0.53kg-m/6,000rpmを発揮した。翌11月になるとMD90(K2)がフロントフェンダーを50と70に揃えた浅いタイプで登場。

　MD90Eエンジンはキャブレター変更でデーター的に7.2ps/8,500rpmと0.3psダウンしたが、最大トルクは0.02kg-m増えて0.69kg-m/6,000rpmを発揮した。車体まわりの改善もすすみブレーキシューの変更、前後キャリア類の改善見直し、リア・ショックの改良などMDにおける実用特性上のレベルアップがはかられた。

(4)振動係数の軽減に配慮してハンドルウエイト追加

　79年4月には同年型を意味する「Z」モデルのMDシリーズが生産に入った。振動係数の軽減に配慮したMD50Z、MD70Z、MD90Zの3機種を生産、ハンドル端部にハンドルウエイトが追加されグリップ部両端にウエイトキャップがつけられた。その後の改良は80年3月より生産されたMD50A、MD70A、MD90Aが登場、ATC110系にいちはやく装備されたCDI点火をカブ系他車に先駆けて全車に採用した点で特筆できた。

　80年代の改良は毎年続き80年12月生産分より81年型のMD50B、MD70B、MD90B、81年11月生産分より改良82年型のMD50C、MD70C、MD90Cが誕生、フレーム、前後サスペンションの改善が実施された。82年12月生産分より改良83年型MD50D、MD70D、

1976年　C50、70、90時代から改造郵便車、新開発MD90K0、K1が好評であったことから、73年11月に新型MD50、70両K2の生産に入った。冬季の積雪地、泥の付着などに配慮したフロントの浅いフェンダーが特徴。タイヤは全MDが前後2.75-14を装備、エンジン車体ともにタフネスを誇り、市販型スーパーカブへ各技術がフィードバック。また全MDのフロントキャリアが小型のものになった。

MD90Dが誕生、さらなるフレーム、前後サスペンションの改善を実施。その後84年11月からは改良85年型MD50F、MD70F、MD90Fが少数であるが造られた。

(5)CDI点火と12V新電装システム採用した角タンクMD

　MD系の大改革は1987年に実施された。CDI点火と12V新電装システム採用によりMFバッテリー装備などの改良をはかった87年型MD50H、MD70H、MD90Hが登場。燃料タンクが燃料計の正確さを期すために、従来からのCTベース改良型で初期のスーパーカブ同様に3角型形状の5リッターから角型タイプの5リッターになった。

　エンジン面では12V電装のため、従来の排気熱式キャブレターヒーターが電気熱線式になって厳寒時の始動が容易になった。このキャブヒーター方式はプレスカブにも流用され、加えて停車時のいたずら防止に対応したキー付燃料キャップを採用するなど、MDはスーパーカブの先行技術開発車ともなった。

　その後のMDは92年登場の93年型MD50P、MD70P、MD90Pがガスケット類のノンアスベスト化を実施、97年登場のMD50V、MD70V、MD90Vになると昼間点灯式に対応、さらにタフアップチューブ採用で実用性はさらに向上した。99年にはMD50X、MD70X、MD90Xが登場、いっそうの充実がはかられた。この後には国内新排出ガス規制適合化にむけて開発がすすめられているのである。

※2018年追記

　郵便配達や新聞などの配達用途のユーザーのため、ホンダはスーパーカブ50プロやスーパーカブ110プロを用意し、また同車をベースとした郵便配達に適した専用のモデルを常に開発・準備しながらその需要に応えている。2017年10月に発表された新型のスーパーカブ（国内向け）の各モデルは、日本郵政などからの強い要望もあり、再び登録書類などの入る、取り外し可能なサイドカバーを復活して標準装備している。

スーパーカブの海外拠点における販売と生産（1958年〜2001年）

(1)北アメリカにおける変遷

　ホンダが世界進出を果たす上でのターゲットはやはりアメリカにあった。1958年12月アメリカに向けてスーパーカブC100のカタログが船積み出荷された。翌年59年6月にはアメリカのカリフォルニア州ロスアンゼルスにアメリカンホンダモーターを設立、スーパーカブC100が700台、世界で初めて輸出され、ダブルシート付のC100は8月1日をもって全米発売が開始された。

　60年7月にはセル付C102が加わり、61年3月にはCA100Tトレールがブロックタイヤ、リア・ダブルスプロケット装備で発売された。フロントフェンダーとレッグシールドは外された大型荷台付のモデルでハンターカブの元祖、ちなみに55ccのC105Tは大型タンク＆シートを装備して62年4月から発売されたが当初はダウンのストレートマフラー付であり、63年4月からアップマフラーになった。62年8月からはCIII72同様の大型テールランプ付のCA100、CA102に切り替えられて発売された。この頃に「ホンダに乗れば素晴らしい人に会える」という広告キャンペーンが実施され、二輪車の持っていたアウトロー的イメージを払拭したのは、あまりにも有名である。

　その後のスーパーカブ系は64年5月にCT200トレール90がOHVの4速にて発売、66年2月にはSOHCスーパーカブC90の輸出車としてダブルシート装備のCM91が出荷され、4月にサブミッション付8速のCT90トレールが加えられた。69年からはフロント・テレスコピックのCT90(K1)が新たに製作された。70年7月にセル始動のC70M(K0)が投入され、72年のC70M(K2)には国内向けC50DX-IIと同じセミロングシートにリアキャリア付だったのが特徴で73年まで販売された。

　その後は80年型モデルとしてC70DXが「パスポート」のニックネームを与えられダブルシートとリアキャリアを装備して販売、82年からは12V電装になりフロントバスケットを標準化、83年モデルまで市販された。CT90についてはその後79年までカラーグラフィックの変更程度で続けられ80年にCT110にバトンタッチされた。CT110は86年までアメリカで販売され、用途的に4輪バギー車に代替された。

(2)ヨーロッパにおける変遷

　ホンダ製GPレーサーが大活躍をみせていた1961年5月、西ドイツにヨーロッパホンダが設立された。62年9月ベルギーにホンダモーターSAが設立され、63年9月には日本から部品を送り込み現地で組立てをおこなうノックダウン生産を、ポートカブ系エンジンのモペッドC310で開始した。

　スーパーカブC100とスポーツカブC110が63年10月にフランスのモード杯を受賞。64年9月にホンダ・フランス、65年9月イギリスにホンダUKが設立された。ドイツでは法規上

で50ccのステップ式はモキックとして扱われるためホンダはSS50ペダル付やダックス、モンキーを販売。しかしフランス向けにはモンキー、リトルホンダに混ざって66年から70年代までC50、C50Mを出荷。イギリスにはスーパーカブのC50、C50Mが66年より精力的に販売されたが補修部品供給上からフラッシャーは80年代まで66年当時のもの、テールはCB750用が装備。2001年はイギリス向けに日本

1962年　ホンダモペッドC310はヨーロッパ専用車で、ベルギー工場で生産。シート下物入れなど究極のデザインを実施。

向けの90カスタムがセル付とキック式の両モデルが「CUB90」の名で出荷、販売されている。

(3)東アジアにおける変遷

スーパーカブC100の生産が全機種、鈴鹿製作所に移管されたのにともない1961年10月、台湾の三陽工業股份有限公司に向けてKD＝ノックダウン輸出を開始、スーパーカブ初の海外生産モデルが誕生してC100、C102、C110を生産。また64年からは同じく台湾の光陽においてもKD開始C100、C110を生産。OHV90ccのモーターサイクルホンダC200にもいちはやく着手、65年8月にホンダカブCM90も生産し68年まで生産した。光陽は98年までホンダとの二輪での関係を続けたがKIMCOとして独立。三陽工業は自動車生産まで行なった。89年C90MJ、90年C90MJを加えて生産、年産10,000台程を90cc主力で96年頃まで生産していたが、現在では行なわれていない。

韓国においては台湾よりやや遅れて63年2月から起亜産業へ50ccの部品輸出によるCKD（コンプリート・ノック・ダウン）完全部品輸出による現地での組立生産を開始してC100、C110を67年まで生産。66年からはKD（ノック・ダウン）の現地部品を含む組立生産を開始した。C50とCS90、CL90を生産した。その後に起亜は1978年に設立されたデリーム工業と82年に合併、新会社デリーム・モーター・カンパニーリミテッドとなり96年までC90MP、C100MPなどを生産。2001年はタイ製ドリームⅡベースのキャストホイール車シティ100と、タイ製ドリーム・エクセスをベースにしたフロント・ディスクブレーキ付シティ100プラスやスクーターを生産、またホンダ製品の輸入も行なっている。

中国では1982年1月に喜陵機器廠と合意に達し、その後は92年4月に洛陽の北方易初摩托車有限公司、8月に広州の摩托車有限公司との間で五羊本田モーター有限公司を設立、喜陵

2000年　韓国製スーパーカブはこのデリーム製が63年の起亜製以来38年の生産実績を持ち、長い伝統を誇っている。シティ（citi）の名で100ccを生産、キャストホイールやディスクブレーキを装備。他にボトムリンク式もラインナップする。

機器廠との間で92年12月に喜陵本田モーター有限公司、天津摩托車有限公司との間に天津本田モーター有限公司を設立。いずれも二輪車生産工場である。しかしスーパーカブ系は生産されていないが、イミテーションバイクが東南アジア向けに造られており、その対応に苦慮している段階である。

(4)タイにおける変遷

　タイにはアジア・ホンダが1964年11月に設置された。66年4月にTH＝タイ・ホンダ・マニュファクチャリング・リミテッドを設立。スーパーカブのSOHCエンジン切り替えを機会に66年8月セル付のC50MのKD生産を開始、72年C50K1、C50MK1、75年K2、78年K3を経てC50は79年で生産終了。66年よりC65にも着手し69年C70に発展、72年C70K1、75年C70K2、77年C70K3、79年C70系とともにC700の70cc、C900カスタム90ccに着手して日本製のカスタム誕生に多大なる影響を与えた。その後89年に70ccの生産を終了して生

1973年　タイ製スーパーカブのデラックスK1は大勢が乗れる、長いダブルシートを装備。

1997年　タイ製の最新モデルがウエーブNF100。スクーター的フォルムは各国の基本デザインとなっている。

産車を100ccにレベルアップ。86年3月からドリーム100をタイで生産開始、88年6月に日本にCUB100EXの名で出荷できたことが飛躍する要因となりホンダR&Dがタイに開設された。

89年からC100CMJ、C100F、C100Jを年産67,000台にて生産。92年9月から新型ドリームIIを生産開始、日本にも出荷されたが2001年まで継続生産中。94年にC100MLが単一車種での年産123,600台を新記録してカブの最大需要期に突入、96年にはC100系のCMS、L、ML、MP、MR、MT、MV、M2T、M2V、M3T、T、XS、2Tなど合計13機種、なんと406,000台を生産して世界一のスーパーカブ生産国になり11月にはタイ製二輪車の生産累計500万台を達成した。最新モデルのウエイブ110Sはスーパードリームのグレードアップ版でアセアン、ブラジル、韓国などのベーシック・スタイル車ともなり最も高性能を誇っている。

(5)アセアン諸国における変遷

アセアンにおけるスーパーカブ生産のトップバッターはフィリピンのHPI＝ホンダ・フィリピン・インコーポレイテッドであった。1964年よりKD開始、C100、C110を67年まで生産。65年よりCS65、C65に着手、68年まで生産し、その人気の高さがタイやマレーシアにおいてのスーパーカブ生産のきっかけとなった。その後フィリピンでは77年C70Dに着手し、88年C70D(J)、92年C70D(N)、93年C70D(P)にステップアップしていまなお生産続行中である。

マレーシアではカー・モーター・カンパニーがタイ製Mタイプ生産を受けて1969年10月にKD開始、C50キック式を73年まで生産。タイ製C65生産を受けて69年にC65の生産開始して71年まで生産されたが、新たに70年4月よりC90、11月にC70の生産を開始していた。87年にはタイのドリームをベースにしたC100Hがマレーシアにおいて生産開始。88年C70Jを経て、96年までC70、C100系を生産、数少ない70cc生産国であった。

1997年　ベトナム製のスーパードリームはわずか7ヶ月で10万台を突破、庶民の足として大活躍。

1999年　ベトナムのオリジナルデザイン車フューチャー。スーパーカブ系で最も新しいスタイルだ。

インドネシアにおいては1971年に設立されたフェデラル・モーターが1972年4月にC70のKD生産を開始。10月C90、73年7月にC50を経て81年4月に70ccC700M、9月に90ccC800に着手し86年90ccC900カスタムに進化。88年からドリーム100を生産、89年にはC100J、C100K、C100MJ、C100MMの4機種を合計128,000台の規模で生産。91年には人気モデルC100MMを単一で95,000台も生産するようになった。92年9月からタイの新型ドリームⅡが生産開始、車名はホンダとともに親会社「アストラ」の名称がつけられているのが他の国と異なるところだ。

ベトナムでは1997年12月からHVN—ホンダ・ベトナムでドリームⅡを「スーパードリーム」として生産を開始。国情的に50cc以下は無免許、1台に5人乗りも可能であるためベトナム製よりタイ製の人気が高かった。そのためベトナムのオリジナル・デザイン車として「フューチャー」という新型車を開発して生産開始、99年10月から販売され人気を得ている。しかしベトナムでもホンダ車ソックリの低価格な新車のニセモノやイミテーション・パーツが氾濫しており、解決がまたれている。ベトナムにおいてホンダ二輪車はわずか7ヶ月で10万台製造、2000年9月に生産累計30万台を突破した。

(6)中南米エリア諸国における変遷

中南米エリアについては、ブラジルにおいて1971年11月設立のホンダ・モトールド・ブラジル、75年7月設立のモトホンダ・ダ・アマゾニア＝後のホンダ・コンポーネンツ・ダ・アマゾニア・リミテッドで76年二輪車の生産を開始したがCG125が中心で87年10月に二輪車生産累計100万台を達成。その後89年にC70(ZC)を年間200台規模で生産、タイのウェーブのスタイルを持つ2001年最新型C100BIZがスタイリッシュで、後輪を14インチにしたことでヘルメット収納スペースを確保したことで評価されている。

メキシコのホンダ・デ・メキシコにおいてCL90のKD生産が1971年4月に開始されたがスーパーカブ系は2001年にC90が荷台にタンデムシート＋リアキャリア付仕様で販売、加

2001年　ブラジル製C90は日本向けと同じスタイルだが、リアはプレスカブ的荷台にタンデムシート装備。　2001年　ブラジル製のC100 BIZは後輪14インチ化で、メットインスペースをシート下に確保。

えてブラジル製C100BIZも加えられた。またプエルトリコではC90Z（N）が92年に200台のみ生産されたことがあった。

ペルーでは1974年1月設立のホンダ・デル・ペルーSAがC70に着手、89年C70（ZC）、92年からC90（ZN）、93年C90（ZP）を年産100-500台規模で94年まで生産。その後はCD100KD生産に切り替えたが、交通手段として3輪CDを製作、またスーパーカブC90カスタムが販売されているがイエローヘッドランプ、ダブルシート、フロントバスケット、リアキャリア付のフル装備でCDより高価である。

コロンビアのFANAL＝ファブリカ・ナショナル・デ・オートパーツ・ファナルカ・リミテッドでは1981年からC70（ZC）を生産。94年からはC90（CWR）に生産を切り替え、人気を得て96年以降は年間10,000台ベースで生産規模を増している。

アルゼンチンにおいては1992年2月に二輪車の生産を開始、スーパーカブC90（ZN）からC90（CWR）まで96年まで3万台あまりを生産した後、現在ではブラジルからC100BIZをBizカブ2000として販売、他にダックスなどホンダ車をフル・ラインナップしている。

(7)その他の国々における変遷

世界のすみずみまでゆきわたったといわれるスーパーカブであるが中近東エリアのパキスタンでは1962年10月に設立されたアトラス・ホンダが64年にC100のKD生産を開始。バングラディッシュでは66年にアトラス・バングラディッシュによってC50（Z2）の生産が年間100から900台規模で2001年時まで生産されている。トルコでは94年12月にアナドール・インダストリー・ホールディング社と二輪車生産に調印。96年7月にホンダ・アナドール・モーターサイクル社において二輪車生産が開始されたが残念ながらスーパーカブは含まれていない。

南西アジア地域におけるインドでは1984年1月にHHML＝ヒーロ・ホンダ・モーター・リミテッドと二輪車合弁生産契約を調印、85年9月より生産開始。C100（V）、C100（MV）を年間それぞれ2000台規模にて生産。84年4月には同じくインドのKHM＝カイナティック・ホンダ・モーターが設立されて86年から生産を開始したが、こちらはスクーターのみの生産である。

1989年からバングラディシュのABL＝アトラス・バングラディシュ・リミテッドではC50（Z2）を年産500-700台規模で生産、C50（SWR）を含めてC50を生産している。

アフリカ大陸においては1980年からモーリシャスのマウリ・モータース・インダストリーズがC70（DH）を生産、92年C70（N）を経て95年よりC70（CWR）を年間100-200台規模で生産続行中。79年7月に設立されたナイジェリアのホンダ・マニュファクチャリング・ナイジェリアでは81年からC70（ZA）を生産、94年C70（ZP）、95年からC70（STR）を年産80-2800台で生産中。また西アフリカ・ブルキナファソのソシファ社では92年にC70（DH）を生産したことが記録されている。

第 **7** 章

『ホンダとの50年』
（1947〜1997）
Thoughts on 50 Years with Honda

偉大なる創業者達の意志を引き継ぎ、ホンダを四輪車を含めた世界的な国際企業へと躍進させる原動力となった河島喜好氏による証言。設計者時代の回想から、スーパーカブの特異性に触れ、経営者ならではの視点から現在の二輪車業界全体に対する展望へと話は展開した……。

河島　喜好
KIYOSHI KAWASHIMA

河島喜好（かわしま　きよし）　昭和3年(1928年)静岡県に生まれる。浜松工業専門学校(現静岡大学工学部)機械科卒業。昭和22年本田技術研究所に入社してから、同社のエンジン設計および開発を担当。世界二輪ロードレースの監督としても活躍。昭和48年に創業者である本田宗一郎社長の後任として、本田技研工業(株)取締役社長に就任しホンダを世界企業へと国際化を推進。昭和58年同社最高顧問となり現在、東京商工会議所副会頭、日本ボーイスカウト東京連盟維持財団理事などを務める。

設計・開発者の時代

—— ホンダ入社当時の事について思い出される事は？

昭和22年(1947年)ですから、終戦の翌々年にあたるわけですね。私の学校があり、住まいのありました浜松は七回の爆撃、二度の艦砲射撃を受けまして、一面焼野原という有様でした。学校は出たけれども、就職先はおろか、毎日食べる事だけで必死だったような時代です。

そんな折、たまたま隣町におられた本田宗一郎さんが小さな町工場を始められて、図面を描ける人間を探しておられたのです。私の父が本田さんとたまたま顔見知りだった関係もあって、ある日就職の件で父と一緒に本田さんのお宅にお邪魔したところ私に対する質問その他一切なし、2、30分ほど父と本田さんが世間噺をされて、いきなり「じゃあ、明日から来いよ」といった調子でホンダへの入社が決まったのです。

確か私は12番目の入社だったと記憶しております。本田弁二郎さん、磯部誠治さんといった方が先輩にいらっしゃいましたね。ただ、人によっては「河島は7番目の入社だった」といわれる方もいます。……というのも、ホンダに限らず当時は2、3カ月の給料の遅配などというのはごく当たり前だったという事が実情であって、毎日のように人が入って来ては、片方で辞めていく、という状態だったのです。幸いにして私は自宅からの通勤でしたから、何とか食べていける、多少の遅配があっても何とかなる、と我慢しているうちに今に至ってしまった、というわけです。

—— 入社後、いわゆる「エントツエンジン」の開発にあたられてますね。

払い下げの軍用エンジンにミッションを付けて改造した自転車補助エンジンの在庫が尽きてしまいまして、新たにエンジンを設計する必要が生じました。そこで「お前、図面描け」と指示がありました。ところが本田社長の頭の中には、従来の当り前のエンジンでは面白くない、という考えがあって、ピストンの頭にエントツのついた、いわゆる「エントツエンジン」誕生となったのです。

これは2台、試作をしましたが、当時の生産技術、材質のレベルではすぐに焼きつきを起こしてしまって、どうもうまく回らない。「これは無理だ」という事になり、すぐに設計変更を行ない、A型エンジンに移行していったのです。

ずいぶん経ってから、鈴鹿のコレクションホールに展示したいというので、記憶を頼りに私が図面を引きまして、エントツエンジンを再現しました。このレプリカはうまく回りましたね。以上のような理由で、A型のエンジンが実質的なホンダ製第一号の市販エンジンということになるのです。

—— 昭和24年(1949年)に発売された2サイクルエンジンを搭載したドリーム号D型も担当されてますね？

その前にB型、C型という50ccのA型を大型化した改良エンジンがあります。最終的にC型では96ccまでサイズアップされました。ここまでが自転車系の車体に取りつける補助エンジンです。しかし、エンジンに対して車体が持ちこたえられない、といった強度の問題もあって、自転車をベースに

エンジンに合わせて車体を強化するよりも、新たにオートバイとして車体も含めた設計をした方がいい、という事でD型の開発に入っていったのです。

── そのD型ではチャンネル型フレームが採用されていますね。

BMWの昔のタイプがチャンネル型の、パイプを使用しないフレームでしたね。当時の日本では鋼板なら色々と良い材質のものがあったのですが、パイプの良いものがなかなか手に入らなかったわけです。ならば鋼板を使った方が合理的だし、自動車等でも鋼板を使っているじゃないか、という考えから採用となりました。ただ私はエンジン屋でしたから、車体の方は別の方が担当していました。

── 昭和24年には藤沢武夫さんが入社されて業績拡大の推進に深く関係してますが。

確か常務として入社されて、すぐに専務になられたと記憶しています。副社長になられたのはもっと後のことで、私共はいつも「専務」とお呼びしてました。本田宗一郎さんは技術屋社長でしたから、「良いモノを作れば必ず売れるんだ」という信念で努力しておられましたが、現実にはそうはいかない。

そんな折、通産省に務めていた竹島弘さんから「本田さんはアイディアもある、良い商品もつくっている。しかしこのままでは経営が成り立たない、良い人を紹介しよう」という事で入ってこられたのが藤沢さんでした。私は仕事上の肩書きは当時まだありませんでしたが、設計課長くらいの立場ではありました。後から藤沢さんのような会社経営の経験と豊富な知識のある方が

河島喜好氏

入って来られる事に対しては、我々の生活も良くなり、会社も良くなる、という事で大歓迎でした。

── 次に開発されたドリーム号E型は、ホンダを飛躍させ、「4サイクルのホンダ」というイメージを定着させましたね。

後に登場するスーパーカブ、その他ヒット作となった4サイクルのモデルは色々ありますが、確かに最初の躍進の原動力はE型でした。4サイクルについてはホンダが発売する以前にも何社かやられていたようですが、4サイクルはまず音が良い、2サイクルに比べて力強さがある。「これは商売になる、絶対に売ってみせるから、ぜひ4サイクルエンジンをやってくれないか」と、これは営業サイドである藤沢専務の方から

2サイクルエンジンを搭載したドリーム号D型をベースに、新開発したOHV型単気筒エンジンを搭載したホンダ製初の4サイクルオートバイ、ドリーム号E型。排気量は98ccから146ccと拡大され、馬力も3.0psから5.5psへと向上。写真はリアサスペンションがプランジャータイプの後期型。

話があったのを覚えています。E型は、実際良く売れました。

　現在ではCAD（Computer Aided Design＝コンピュータを利用して設計図面を描くこと）が発達して、過去のエンジンのデータを参考に画面上でエンジンが設計できてしまうのですが、逆に言うと、これだけではそれ以上の進歩は望めないのです。

　当時は、全く白紙の状態から、図面に中心線を書き、肉付けをしていく手法でした。例えるならフリーハンドのデッサンのようなものから、具体的にシリンダーの寸法やレイアウト等を決め、計算に乗せて、設計図を描いていく、まさにクリエイティブな仕事といえました。

——このE型はかなりの開発スピードだったようですが……。

　E型のエンジンは半年くらいで図面を描きあげたように覚えています。その後、私はこのドリーム号E型を駆って箱根越えのテストを行ないました。当時の箱根の旧街道は、途中で休ませないととても登りきれ

ない難所でした。専用のテストコースなど日本中どこを探してもない時代ですから、登坂力や耐久力を計る絶対のテスト場だったのです。

　昭和26年(1951年)に行なった箱根のテストで、このE型は一気に登りきることができ、性能に自信が持てました。「箱根を登りきったエンジンである」という事で、高い評価をいただきました。技術的にはバルブ駆動にOHVという新型式を採り入れ、オートバイエンジン用として実用化した日本最初のものになりました。当時、主流であったSV(サイドバルブ)式では、登りきれなかったものをE型が登りきったのです。

　アメリカ製のハーレー、インディアン、国産でいうと陸王あたりもほとんどのモデルが、SVだったわけですし、自動車の分野でもトヨタ系、日産系、両社ともにSV型エンジンが採用されていました。けれども、バルブを上に持ってくれば燃焼効率から言っても理論的には良いはずだ、とOHVを採用したことが見事に当たった。

OHVはすでに航空エンジン、例えば星型空冷あたりでも優秀性が実証されていました。ただ航空機の分野では、軍用の戦闘機、爆撃機であるということで、コストが度外視されていたために、二輪車メーカー各社とも実用エンジンでの採用に踏み切れなかったようです。この辺は本田宗一郎さんの技術的先見性のおかげです。

——量産、量販につながったF型カブ号の開発、設計についてお聞きしたいのですが。

これは私の隣にいた星野代司さんがエンジン設計を担当されたはずです。当時私は2サイクル、4サイクルも含めた他のエンジンの設計をやっていました。今で言う「プロジェクト・リーダー」的な立場にあったと思います。私はF型が試作から量産に至る間に、また量産に至ってからも発生する様々な問題点をクリアする為の応援はしましたが、あくまでも主任は星野さんでした。

今では考えられませんが、当時は何かトラブルが発生しますと、あらゆる技術屋を動員して、自分の仕事を中断しても、協力してそのトラブルを解決しました。

——F型カブ、またスズキのパワーフリー号を始めとした小型のバイクモーターが盛んな時代でしたね。

大型がハーレーや陸王、メグロだとしますと、ドリーム号E型、D型に代表される小型オートバイの時代があり、史に庶民の足としてもっと手軽なオートバイを求める時代が来た。二輪車全体の需要も多くなった時代でした。それまでどちらかと言うと値段も高かったですし、少数のマニアの為の乗り物だったわけです。小型オートバイの大衆化にともなってカブF型も実績が伸びましたし、他社さんもうまくその波に乗ったところが伸びている。この頃は業界内の淘汰が激しかった時代で、ずいぶんメーカーの数が減ったと思いますよ。

——ジュノオ号での河島さんのご担当は？

エンジンがE型系のオートバイエンジンの改良型で、私はその冷却を担当しました

スズキの前身である鈴木式織機が、二輪業界参入にあたって開発した初の自転車用補助エンジン、パワーフリー号。

が、これには苦労しました。前にカバーがついた関係もあって空気が充分に入らないわけです。冷却用のファンを取りつけてみたり、車体にはエアインテークを設けたり、対策を施しました。

車体に初めてFRPという新素材を導入した点については、後々ホンダにとってプラスになったと思います。これをきっかけにオートバイの車体にFRPをどんどん使うようになりました。自動車に至ってはもっと後の事になりますから、ジュノオは商業的には成功作とは言えませんが、技術的には先進的だったと思います。

世界GPレース参戦の時代

——二輪のT・Tレースには監督として参加され、その間研究所内もかなり大変な状態だったとうかがっていますが？

本田社長のレース出場宣言が昭和29年（1954年）にありまして、ここがホンダのすごい所だったと思うのですが、一つのプロジェクトチームとしての「第二研究課」という部署をすぐにつくってくれたのです。当時、所内にはエンジン設計課、車体設計課、研究課、試作課と、四つ程の課しかありませんでした。

その「研究課」の中にレース専門の課を設けてエンジンと車体の設計、試作、組立、テストライダーやメインライダーのマネージメント、これらが出来る人間を私のところに一手に集めてしまったんです。そんな中から「スピードクラブ」なども生まれてきました。

当時はライダー一人とっても、「あそこに良いのがいるから」というわけにも行き

ませんし、オートレースの選手くらいしか見あたらないですから、その人達を引っ張ってきて養成から始めたわけです。第二研究課は忙しい部署である割に実績に結びつかないのですから、大変苦労致しました。

これでエンジン設計課からは完全に手を引いてしまったので、後に残った設計課長の原田（義郎）さんあたりは新型の開発に相当忙しかったのでしょう。

——スーパーカブ開発には、やはりサポートという形で参加されたのですか？

スーパーカブの開発には、原田さん、星野さんといった方々が職責上の課長として担当しておりました。

私は、第二研究課長としての立場は変わっていませんし、トラブル発生時にお手伝いをする程度で……あくまでもレースに勝つ、マシンをつくる、外人ライダーを頼んでみたり、チームまでつくらなければいけない、なにしろ、日本にこれまでレーシングチームの前例がないわけですから、これもまたゼロからのスタートでした。

——造形関係については木村讓三郎さんが専属の工業デザイナーであったと思いますが、本田宗一郎さんも相当関わっておられたようですが？

ええ、相当口やかましかったですね。細かい車体のカーブにまで、実際に粘土を削られたり、くっつけたりされてましたから、一時は技術屋というより造形屋みたいなものでした。木村さんあたりは意見が合わずに本田さんとデザインについて相当やり合っていた事を覚えています。

当時、インダストリアルデザインそのものが始まったばかりでしたから、現在のデ

ザイナーのように「ここはこうだ」といっぱしの事が言えないわけです。要は大衆が、お客様が恰好が良いか悪いか判断するだけの事で、何の情報もデータもない。最終的には肩書きが上の方の意見が強いわけです。今のような情報化社会なら、例えば「イタリアでこういうデザインが流行っています」といえば、説得力も充分あるわけです。

しかし、何の情報もない上に、本田宗一郎さんの「絶対に他のマネはするな」という強い指示が所内全体にありましたから、造形室は大変だったと思います。本田さんは、マネするだけでは追いつく事はできても追い越す事はできない、という信念をお持ちでした。

私も個人的には、日比谷で始まったモーターショー以来、社長になるまでの19年間一度も見に行ったことがなかったのです。行けば当然、恰好良い自動車やオートバイが目に入って、マネしたくなってしまうと考えていたからです。始まった当時、私は研究所の重役でしたが、絶対にモーターショーには行きませんでした。社長になってからは一度だけ、開会式に高松宮さまがお見えになりまして、その案内役ということで行くことになりました。

今となっては馬鹿気た話でしょうけれど、たとえ苦しくともホンダ独自の製品を開発していこう、という本田社長の教えを忠実に守ろうとした結果なのです。したがって、スーパーカブ等はそうした信念が生かされた製品だったと考えております。

繰り返しになりますが、今のようなCAD設計では本当にクリエイティブなもの、新

本田宗一郎氏

しいものは生まれて来ません。今は自動車にしろオートバイにしろ、どのメーカーも基本的には同じようなデザイン、材質、生産管理で、あとは生産効率が良いか悪いかだけの問題で造られています。昔でしたら、テレビなどで車の生産ラインが写し出されたら「これは何社のラインだ」というのがすぐに分かったものですが、今では分かりません。結果として次第に製品が似通ってきてしまうわけです。

ホンダとしても評価をいただいている車種が比較的多い方だとは思いますが、基本的に同じようなデザインの傾向です。4サイクル2気筒のエンジン等も良く見ると私

達が図面を描いていた時代のものとほとんど変わっていません。30年間、同じことを飽きもせず良くやっているなと思えますし、エンジンの配置一つにしろ、もう少し変わったことが出来ないものかと思います。

ホンダが飛躍するきっかけになったスーパーカブも、経営者二人のコンビネーションが生み出したものです。新開発の4サイクルエンジンを搭載したドリーム号E型のヒットで、会社も一息ついた。とは言え、次の一手が見つからない。

そこで二人揃って欧州へ視察に出かけ、「もっと安くて大量に作れる車はないか」という本田宗一郎さんの一念に、藤沢さんがその資金を工面しました。

手本になるようなモデルはどこにも存在しない新規な製品の開発でした。今流に言えば、ニッチを狙った事になるんでしょうが、こういう独創性はベンチャービジネスの創業期には絶対に必要だと思います。後は運が良ければ会社が大きくなっていくし、運が悪ければ潰れるという事です。その点、本田技研は運も良かった。

経営者の時代

—— その河島社長の時代にホンダは積極的な海外進出を行なって、成功されましたね。

これはスーパーカブのアメリカ、ヨーロッパでの成功、それに加えてロードレースで知名度が上がった事がうまくマッチした結果だと考えています。

また、海外で仕事をする事に対して妙な抵抗を持っていなかった事もホンダの良い所だと思います。特に自動車の国アメリカにスーパーカブを持っていった川島喜八郎

さんは、暴走族にハーレーが売れるくらいの市場にスーパーカブを持っていったのですから、随分苦労なさったと思います。

—— アメリカ進出に際しては藤沢武夫さんの強い要望があったそうですが……

結局、先進国であるヨーロッパ、あるいはアメリカで売れる車、オートバイを造らなければ日本で売れるはずがない、という信念を当時の幹部の方々は持っていましたね。そういった考えが推進力となって現地に事務所を設け、工場をつくり、レースにもどんどん参戦する、といった事を進めた結果、自ずと色々な情報も入って来ました。

そういった諸々のエネルギーが海外進出への大きな力になったと思っています。

しかも本田さん、藤沢さんをはじめとした幹部連中が皆んな、珍しい物好き、すなわち海外好きでしたので、好奇心の旺盛な社風は、ここからもうかがえます。

—— スーパーカブのバリエーション化も世界戦略への一つの足がかりと言えるのでしょうか？

世界戦略というよりも、スーパーカブのシリーズはお客様の使い方、例えば街で乗るだけ、釣りに行く時だけ使う、そういった使い勝手を考えてのバリエーション化であって、今のホンダでもやっているあのRVなどと同様のものと考えています。単なる移動手段としてだけでなく、それに乗って何をするのか、という事を考慮しての開発です。そういう色々な使い方に対応できる商品をつくる、という考え方を当時の藤沢副社長あたりは盛んにおっしゃっていました。お客様サイドに立って使いやすい商品を、という考えがこの頃から始まって

いたのです。

　悪く言えば「着せ替え人形」のようなものです。いまの日本のスクーターがそうです。エンジンの基本的な部分は何も変えず、車体を変え、屋根をつけてみたり、色調を変えたりして個性化をはかる。でもお客様にしてみれば、その中から選ぶ楽しみも出てくる。あくまでお客様第一主義に立ってのバリエーション化、という事です。

　スーパーカブのエンジンがOHVからOHCに変わったのも、一つの時代の流れに沿った結果と言えます。また最近ではリバイバルで、昔のスタイルやメカニズム等がもてはやされる傾向もあるようですが、技術的には、同じ所を行ったり来たりしているだけじゃないかと、どうしても私には思えるのです。

　例えば、生産技術が上がり、材質も良くなった結果、昔ダメだったエンジンが活かせるようになったとしても、それはあくまでも焼き直しに過ぎない。「こんなエンジンがあるのか！」と言わせるようなものを、やはり造らないといけないと思います。

　── その意味では昭和53年（1978年）に設立されたNR部門の「楕円（だえん）ピストン」は河島社長時代の新機軸でした。

　世界GPでは、2サイクル勢が台頭していた中、不利な4サイクルで勝つためにNR（ニュー・レーシング）部門をスタートさせ、4気筒で8気筒と同様の効率を求めて、2つのピストンを1つに融合させ、1気筒あたり8バルブ、2本のプラグでV型の4気筒エンジンという新しい発想から生まれたものでしたが、そういう意味では野心的な試みでしたね。ロータリー同様未知なるエンジンへ

の挑戦でした。

　これからの日本のエンジニア達は、2サイクル、4サイクルに取って代わる3サイクル、5サイクルといった思いきったエンジンの開発や研究を、利益や商売を度外視してもやらなければいけない時代に、やがてなるのではないでしょうか。今の若い人がこうした考えに賛同して、ホンダに入社してくれて、そういうこれからの時代を切り開くようなデザイン（設計）を実現してくれることを望んでいます。

　新しい分野への挑戦や開発は、海外進出における、経営戦略として重要な課題でもあるのです。

　あの頃は輸出さえすれば儲かる時代でした。円も安かったし、ホンダは輸出貢献企業として通産省から表彰を受けたくらいでしたから。とはいえ、やはり売れる所で組立てる、需要のある所で生産をする事が、企業の社会的な責任じゃないかという事で現地に出ていったわけです。

　── 最後に、今現在のお考えで結構です、河島さんにとってのスーパーカブとは？

　現在までに生産累計2,500万台を達成しました。昭和33年の発売ですから、これだけ息の長いオートバイは珍しいですし、ワーゲンのビートルも確かに長かったけれど、カブは発展途上国をはじめとしてまだまだ需要が伸びる要素を持っていますし、『良品に国境なし』という言葉通り、本当に良いものは長く続くのだなと思います。開発時には正直言ってこれ程まで売れるとは考えてもいませんでした。そういう意味では、まさに、「感無量」といったところです。

　ただ先程も触れましたが、同じ様な生産

設備、生産管理でやっている限り、もしどこかの大資本に同様の事をされてしまったら……だからこそ新しいデザイン、新しいエンジンを、全くの白紙の状態から設計し、また「そういうモノを作るのは日本だ」という事にならないと、日本のオートバイ産業の将来はありません。

　豊富な資源に乏しいという現状は昔も今も大差がなく、労働力もなく、またあっても高い、となってくると、何か新しいモノをつくっていかなければならない時代になるのです。

　確かにスーパーカブは、あの時代におけ

る新機軸の製品であり、それが今に至るまで高く評価されてますが、そこで止まってしまっては進歩はありません。

　オートバイに関心を持ってくれる若い人達には、これから「俺が将来、新しいオートバイを造ってみせる、今あるオートバイなんて古くさくて乗っていられない、俺が博物館行きにしてみせる」というぐらいの気概を持って欲しいし、そういう技術屋(エンジニア)が現れて欲しいです。

　そうすることが、これからの日本の基幹産業の一つでもある二輪車業界の発展につながると思うのです。

　（インタビュー　三樹書房編集部・1997年）

第8章

『スーパーカブの新たなる世代』

Super Cub : The New Generation

資料編

（2008年作成）

21世紀を迎え、排出ガスのさらなる浄化が世界的な課題
となり、それは日本のスーパーカブ・シリーズにおいて
も例外ではなかった。この課題に対応すべく、国内主力
エンジンである49cc版に大きな変更が加えられ、環境負
荷の少ない新世紀の経済車として新たなスタートを切っ
たのである。

－三樹書房編集部－

MIKIPRESS, EDITORIAL DEPARTMENT

環境性能を高めたスーパーカブの登場

1958年の発売以来、受け継がれてきた空冷の4サイクル単気筒エンジンは、当初はOHVであったが、1966年にOHCエンジンを新たに採用してからは、大きな構造変更などは行なわずに細部の改良を長い間続けて熟成を重ねてきた。

しかし、近年世界的にも注目されてきている環境問題に目を向けたホンダの開発陣は、4サイクル49cc単気筒エンジンの基本構造はそのままで、2007年9月に大きな手を加えた新しいエンジンを発表したのである。燃料噴射と触媒装置を追加して環境性能を高め、平成18年度国内二輪車排出ガス規制をクリアする新エンジンの登場は、同時にスーパーカブ・シリーズが将来に向けて継続生産されることも意味している。

■新型スーパーカブ50シリーズにおける外観の特徴

スーパーカブ50シリーズにおいて外観上の変更点は少ない。これは伝統あるデザインを守ることを意図していたようにも思える。

1. 新設計されたエンジンのシリンダーは全く新しいデザインを導入、クランクケースの塗装は今までのシルバーからブラックに変更された。
2. マフラーガードは、形状をパイプ状のタイプからプレスされた金属パネルに変更され、マフラーエンドまで延長された。
3. エンジンの異常などを伝えるためのランプが追加された。この警告ランプは、カスタムモデルにはメーター内に収納され、リトルカブも含めたそのほかのモデルでは、従来のメーター下部に取り付けられている。

Super Cub 50 Standard

Press Cub 50 Standard

Little Cub

■価格の変更や性能

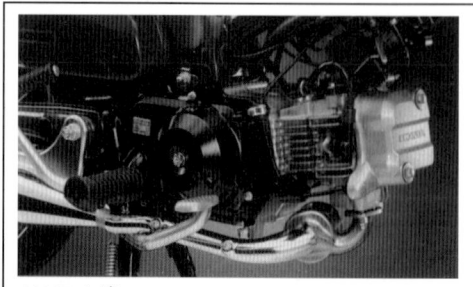

AA02Eエンジン
従来の伝統あるエンジンに比べて、シリンダーヘッド部のデザインが大きく変更を受けている。エキゾースト途中にある丸い包状の部分がキャタライザー。電子制御にもかかわらず、バッテリーが上がった時でもキックによる始動が可能。

価格（税込）は従来モデル（2006年7月時点比）のスタンダード168,000円に対して新型は204,750円、角型ライトのカスタムが199,500円に対して236,250円であり、それぞれ36,750円が加算されたことになる。プレスカブ50スタンダードとデラックスにおいても同様に36,750円増となり、リトルカブについては、大幅な車体カラー変更も同時に行なわれたが、セル・キックの始動車の両モデル共、それぞれ31,500円（2005年1月時点比）の上昇に抑えられている。性能面では最高出力が、従来のAA01Eエンジンの4PS／7000rpmから新型AA02Eでは3.4PS／7000rpmに、トルクは0.48kg-m／4500rpmから0.39kg-m／5000rpmにダウンしている。また、驚くべきことに車体重量は、スーパーカブ50シリーズもリトルカブも従来のモデルと変わっていないので、様々な部品が追加されているけれども、実質的な重量によるハンデキャップは免れている。

■ クリーンエンジンの構造

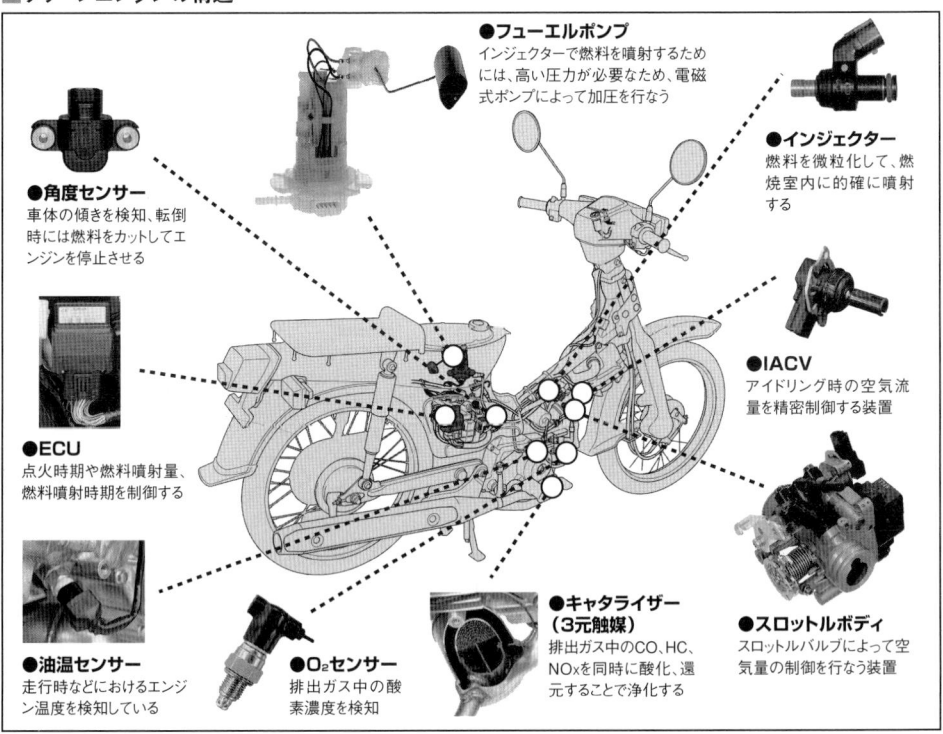

●フューエルポンプ
インジェクターで燃料を噴射するためには、高い圧力が必要なため、電磁式ポンプによって加圧を行なう

●インジェクター
燃料を微粒化して、燃焼室内に的確に噴射する

●角度センサー
車体の傾きを検知、転倒時には燃料をカットしてエンジンを停止させる

●IACV
アイドリング時の空気流量を精密制御する装置

●ECU
点火時期や燃料噴射量、燃料噴射時期を制御する

●スロットルボディ
スロットルバルブによって空気量の制御を行なう装置

●油温センサー
走行時などにおけるエンジン温度を検知している

●O₂センサー
排出ガス中の酸素濃度を検知

●キャタライザー（3元触媒）
排出ガス中のCO、HC、NOxを同時に酸化、還元することで浄化する

■ PGM-FIシステム

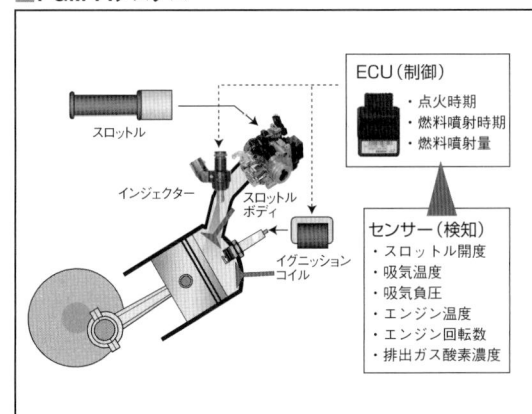

ECU（制御）
・点火時期
・燃料噴射時期
・燃料噴射量

スロットル

インジェクター

スロットルボディ

イグニッションコイル

センサー（検知）
・スロットル開度
・吸気温度
・吸気負圧
・エンジン温度
・エンジン回転数
・排出ガス酸素濃度

今回、大きく進化したパワートレインの中でも、誕生から50年間にわたって採用され続けてきたキャブレターが、PGM-FIに変更されたことが最大の特徴だろう。PGM-FIは、走行している状況に応じてコンピュータが埋想的な燃料噴射量と、タイミングを調整する電子制御の燃料噴射装置である。各センサーから検知されたデータを、ECUによって適切なタイミングと燃料の噴射量を算出して実行する。燃焼後に排出された燃焼ガスは、新たに採用されたキャタライザー（排気ガス浄化装置）で様々な物質を浄化するのである。

平成18年度の規制は、平成10年規制に対してNOxは2分の1であり、COとHCは6分の1という厳しいものであるが、新しいPGM-FI採用のエンジンにおいては、さらにその2分の1レベルでクリアしている。

その他の特徴

1. 実用燃費の向上…走行条件に合わせたきめ細かい燃料制御が可能なため、加減速や停止、発進の多い条件下でも実用燃費の向上が図られている。
2. 低温時の始動性が向上…低温地域ではチョークを引いてもなかなかエンジンがかからないときもあるが、インジェクションでは空燃費を最適にコントロール可能なために楽な始動ができる。
3. 高地や天候不良時などでも安定したアイドリングが可能…酸素の薄い高地や湿気の多い雨天時などでも、FI化により外の影響は最小限に抑えられるため、安定したアイドリングが得られる。また燃料を保持するキャブレターとくらべて、長期放置後の始動性も有利である。

新型エンジンでは、少しでも効率の良いエンジンとするためにエンジン内部におけるフリクションも低減することに努力している。

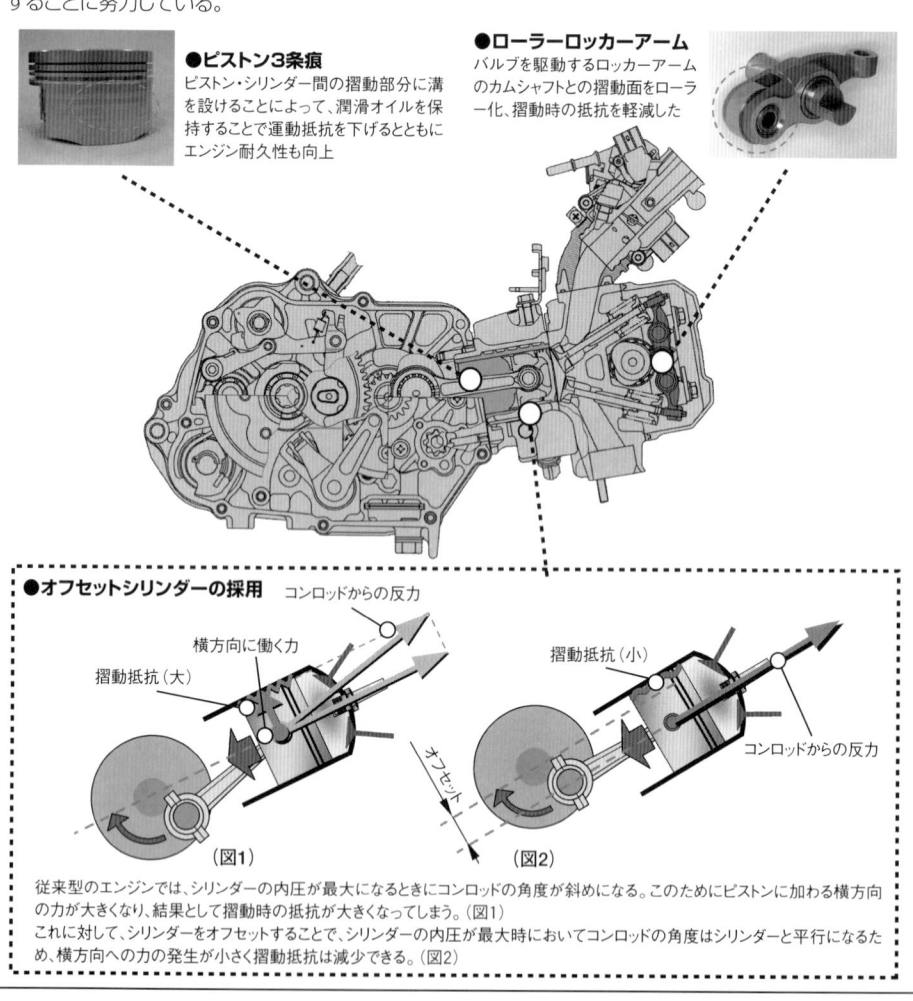

●ピストン3条痕
ピストン・シリンダー間の摺動部分に溝を設けることによって、潤滑オイルを保持することで運動抵抗を下げるとともにエンジン耐久性も向上

●ローラーロッカーアーム
バルブを駆動するロッカーアームのカムシャフトとの摺動面をローラー化、摺動時の抵抗を軽減した

●オフセットシリンダーの採用

コンロッドからの反力
横方向に働く力
摺動抵抗（大）
オフセット
摺動抵抗（小）
コンロッドからの反力

（図1）　　　（図2）

従来型のエンジンでは、シリンダーの内圧が最大になるときにコンロッドの角度が斜めになる。このためにピストンに加わる横方向の力が大きくなり、結果として摺動時の抵抗が大きくなってしまう。（図1）
これに対して、シリンダーをオフセットすることで、シリンダーの内圧が最大時においてコンロッドの角度はシリンダーと平行になるため、横方向への力の発生が小さく摺動抵抗は減少できる。（図2）

新たなる一歩

スーパーカブが誕生して50年、2008年4月にはスーパーカブ・シリーズは、全世界生産累計6000万台を達成した。また、2008年現在では世界15カ国で生産され工場が稼動しており、発売以来累計で160カ国以上においてそれぞれの国に適合したデザイン・仕様のカブが走っているという。日本国内では、「原付自転車」という規制の関係で、主力モデルは50cc以下であるが、世界のカブ・シリーズはそうした枠にとらわれない100cc〜125ccエンジンが現在は主流になっている。ブラジルの「BIZ125」やタイの「Dream125、Wave125i」などの125ccモデルはその代表的なモデルだが、カブ・シリーズを大量使用しているアジア地域では、すでに環境対策などのために、インジェクションやキャタライザー付のモデルが走っている。したがって、世界市場の観点から見れば、シェアの少ない日本でも、環境対策が施されたエンジン搭載のカブ・シリーズが登場した意味は大きいのである。

スーパーカブC100の生産ラインと本田宗一郎社長。
昭和33年（1958年）撮影

日本／熊本製作所

■生産開始時期
　1958年 6 月　　大和工場（後の埼玉製作所和光工場）
　　　　　　　　　（1959年増産対応　浜松製作所）
　1960年 8 月〜　鈴鹿製作所に移管
　1991年10月〜　熊本製作所（1976年設立）に移管
■生産機種
　スーパーカブ50（50cc PGM-FI）
　スーパーカブ90（90cc）
　リトルカブ（50cc PGM-FI）
　プレスカブ50（50cc PGM-FI）
　郵政カブ（一般未販売）　CT110（輸出専用）※
■輸出国
　※オーストラリア、ニュージーランド

インドネシア／
P.T. Astra Honda Motor

■設立　2000年
■現地生産開始時期　1971年
■生産機種
　Supra-X125R（125cc PGM-FI）※
　Fit-X（100cc）※
　Revo（100cc）※
■輸出国
　※東ティモール

ベトナム／
Honda Vietnam Co., Ltd.

■設立　1996年
■現地生産開始時期　1997年
■生産機種
　Super Dream（100cc）
　Future Neo（125cc）
　Future Neo FI（125cc PGM-F1）
　Wave α（100cc）
　Wave S（100cc）
　Wave RSV（100cc）
　Wave RSX（100cc）

タイ／
Thai Honda Manufacturing Co., Ltd.

■設立　1965年
■現地生産開始時期　1967年
■生産機種
　Dream125（125cc）
　Wave100S（100cc）※1
　Wave100X（100cc）
　Wave125R（125cc）
　Wave125S（125cc）※2
　Wave125I（125cc PGM-FI）※3
　Wave125X（125cc）
　Innova 125（125cc）／輸出専用※4
■輸出国
　※1：モルジブ、クック諸島
　※2：シンガポール、モルジブ
　※3：モルジブ
　※4：イギリス、ドイツ、イタリア、ポーランド、フィンランド、
　　　　フランス、スペイン、ポルトガル、スイス、ハンガリー、
　　　　トルコ、ギリシャ、スウェーデン、チェコ、ノルウェー、
　　　　アイルランド、クロアチア、デンマーク、ルーマニア、
　　　　スロバキア、イスラエル、ラトビア、ウクライナ、ブルガリア

中国／
Sundiro Honda Motorcycle Co.,Ltd.
Wuyang-Honda Motors（Guangzhou）Co.,Ltd.

●Sundiro Honda Motorcycle Co.,Ltd.
■設立　2000年
■現地生産開始時期　2002年
■生産機種
　Wave（100cc）※1
　Wiz（100cc）※2
●Wuyang-Honda Motors（Guangzhou）Co.,Ltd.
■設立　1992年
■現地生産開始時期　2007年
■生産機種
　Flush（125cc）
　Cet（100cc）
■輸出国
　※1：コスタリカ、ホンジュラス、アルゼンチン、ペルー、
　　　　ハイチ、ウルグアイ、パラグアイ、ボリビア、
　　　　グアテマラ、ジャマイカ、ニカラグア、メキシコ、
　　　　モーリシャス、モロッコ、エジプト、サウジアラビア、
　　　　マダガスカル
　※2：ナイジェリア

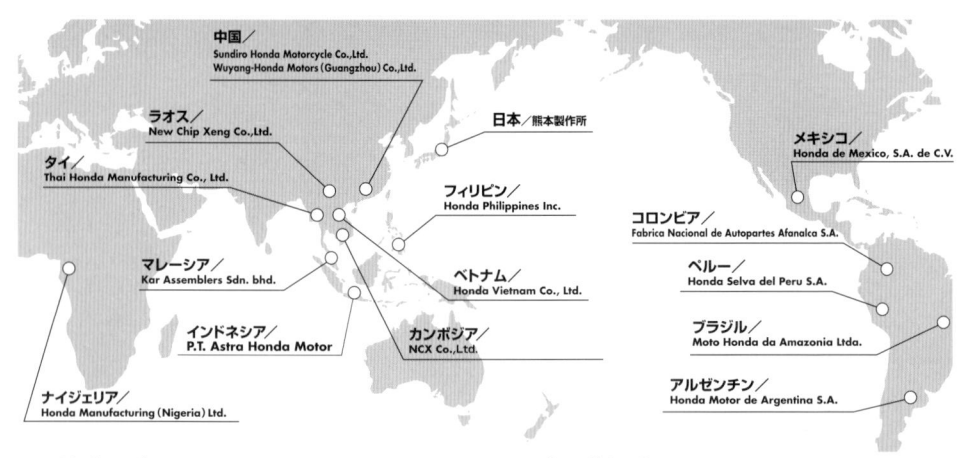

中国／
Sundiro Honda Motorcycle Co.,Ltd.
Wuyang-Honda Motors (Guangzhou) Co.,Ltd.

ラオス／
New Chip Xeng Co.,Ltd.

タイ／
Thai Honda Manufacturing Co., Ltd.

日本／熊本製作所

メキシコ／
Honda de Mexico, S.A. de C.V.

フィリピン／
Honda Philippines Inc.

コロンビア／
Fabrica Nacional de Autopartes Afanalca S.A.

マレーシア／
Kar Assemblers Sdn. bhd.

ベトナム／
Honda Vietnam Co., Ltd.

ペルー／
Honda Selva del Peru S.A.

インドネシア／
P.T. Astra Honda Motor

カンボジア／
NCX Co.,Ltd.

ブラジル／
Moto Honda da Amazonia Ltda.

ナイジェリア／
Honda Manufacturing (Nigeria) Ltd.

アルゼンチン／
Honda Motor de Argentina S.A.

フィリピン／
Honda Philippines Inc.

- ■設立　1973年
- ■現地生産開始時期　1973年
- ■生産機種
  Wave125S（125cc）
  Wave100（100cc）

メキシコ／
Honda de Mexico, S.A. de C.V.

- ■設立　1985年
- ■現地生産開始時期　1988年
- ■生産機種
  C90（90cc）

ペルー／
Honda Selva del Peru S.A.

- ■設立　2006年
- ■現地生産開始時期　2007年
- ■生産機種
  Wave（100cc）

マレーシア／
Kar Assemblers Sdn. Bhd.

- ■現地生産開始時期　1969年
- ■生産機種
  EX5 Dream（100cc）
  Wave100（100cc）
  Wave125S（125cc）

ラオス／
New Chip Xeng Co.,Ltd.

- ■現地生産開始時期　2004年
- ■生産機種
  Wave100（100cc）

ブラジル／
Moto Honda da Amazonia Ltda.

- ■設立　1975年
- ■現地生産開始時期　1989年
- ■生産機種
  Biz 125ES（125cc）※
- ■輸出国
  ※ウルグアイ、パラグアイ、ベリーズ

アルゼンチン／
Honda Motor de Argentina S.A.

- ■設立　1978年
- ■現地生産開始時期　2006年
- ■生産機種
  Wave（100cc）
  Biz C105（105cc）

ナイジェリア／
Honda Manufacturing（Nigeria）Ltd.

- ■設立　1979年
- ■現地生産開始時期　1981年
- ■生産機種
  Dream（100cc）

カンボジア／
NCX Co.,Ltd.

- ■現地生産開始時期　2005年
- ■生産機種
  Wave100（100cc）
  Wave125（125cc）
  Dream125（125cc）

コロンビア／
Fabrica Nacional de Autopartes Afanalca S.A.

- ■現地生産開始時期　1981年
- ■生産機種
  Wave（100cc）
  Biz125ES（125cc）

スーパーカブの変遷　OHVからSOHCまで

		スーパーカブ50ccSTD系			スーパーカブ50 デラックス系			スーパーカブ 55-70cc系			スーパーカブ70デラックス系		スーパーカブ90スタンダード系			スーパーカブ90デラックス系	
西暦	月	スタンダード系機種	初号フレーム番号	月	デラックス系機種	フレーム番号	月	スタンダード系	フレーム番号	月	デラックス系	フレーム番号	月	スタンダード系	フレーム番号	月	デラックス系機種	フレーム番号
1958	/8	C100	C100-58-100001 (大和工場立上り)															
1959	/8	C100	C100-59-100001															
1960	/8	C100	C100-60-500001 (全鈴鹿製第1号車)	/4	C102(セル付)	C102-60-10001												
1961		C100	C100-A000001				/8	C105	C105-A000001									
							/9	CD105	C105-A000001									
1962		C100	C100-E011202															
1963		C100	C100-J		C102(セル付)	C102-A00001		C105	C105-G,H									
								CD105	C105-G,H									
1964	/1	C100	C100-J052160	/2	C102(セル付)	C102-B00001	/5	CD105	C105-J000001				/10	CM90	CM90-100001			
	/2	C100	C100-K000001	/4	C102(セル付)	C102-C00001			C105-K									
	/5	C100	C100-L000001															
	/9	C100	C100-M000001															
1965	/2	C100	C100-N000001				/1	C65	C65-A000001									
	/5	C100	C100-P000001				/4	C65	C65-B,C									
	/8	C100	C100-R000001															
1966	/1	C100	C100-S000001	/4	C102(セル付)	C102-D002936 (C102最終車)	/1	C65	C65-D000001				/1	C90	C90-100001			
	/5	C100	C100-S096605 (C100最終車)						C65-D050913 (C65最終車)						CM91-100001			
	/5	C50	C50-A000001				/5	C65	C65-E000001				/6	C90	C90-A000001			
	/7	C50	C50-B000001															
	/10	C50	C50-C000001															
1967	/2	C50	C50-D000001															
	/6	C50	C50-E000001															
	/10	C50	C50-F000001															
1968	/3	C50	C50-G000001						C65-J034405 (C65最終69年前期)				/8	C90(Z)キック	C90-B000001	/9	C90M(ZM)	C90-000001 (スターターダイナモ装備)
	/6	C50	C50-H000001															
	/10	C50	C50-J000001															
1969	/1	C50	C50-K000001				/1	C70(Z)	C70-A000001					C90(Z)	C90-B030001		C90M(ZM)	C90-900001
	/1	C50(Z)キック	C50-N				/1	C70M(ZM)	C70-M000001									
	/1	C50M(ZM)セル	C50-M000001															
	/3	C50(Z)	C50-P000001															
	/9	C50(Z)	C50-R000001															
1970		C50	C50-K					C70(Z)	C70-B,C					C90(Z)	C90-B040001		C90M(ZM)	C90-9100001
	/3	C50(Z)	C50-S000001					C70M(ZM)	C70-M00,01,02,03									
	/7	C50M(ZM)	C50-Z044															
	/8	C50(Z)	C50-T000001															

年	C50 (ス=スタンダード)		C50DX (DX=デラックス)		C70 (ス=スタンダード)		C70DX (DX=デラックス)		C90 (ス=スタンダード)		C90DX (DX=デラックス)	
1971	/3 C50 /1 C50ス(Z) 　 C50Mス(ZM) /3 C50Mス(ZM)	C50-L000001 C50-U000001 C50-Z100001 C50-V000001	/1 C50DX(K1)キック 　 C50DX(M1)セル	C50-1000003 C50-2000001	C70ス(Z) C70Mス(ZM)	C70-C03 C70-M03	/1 C70DX(K1) /1 C70DX(M1)	C70-1000001 C70-2000001	C90ス(Z)	C90-B050001	/1 C90DX(K1) /1 C90DX(M1)	C90-1000001 C90-2000001
1972	/12 C50ス(Z) /12 C50Mス(ZM) （年末時ナンバー）	C50-V185344 C50-Z060228										
1973	C50ス(Z) C50Mス(ZM)	C50-V320761 C50-Z06										
1974	C50ス(Z) C50Mス(ZM) （Z,ZM 最終型）	C50-V488897 C50-Z069126	/9 C50DX(K2) /9 C50DX(M2)	C50-3000001 C50-4000001			/9 C70DX(K2) /9 C70DX(M2)	C50-3000001 C50-4000001			/9 C90DX(K2) /9 C90DX(M2)	C90-3000001 C90-4000001
1975	/2 C50ス(Z1)	C50-5000001			/2 C70(Z1)	C70-6000001			/2 C90(Z1)	C90-5000001		
1976	/4 C50ス(Z2)	C50-5200001	/4 C50DX(K3) /4 C50DX(M3)	C50-3200011 C50-4200008	/4 C70(Z2)	C70-6100001	/4 C70DX(K3) /4 C70DX(M3)	C70-3100001 C70-4200001	/4 C90(Z2)	C90-5100001	/4 C90DX(K3) /4 C90DX(M3)	C90-3100001 C90-4100001
1977												
1978	/11 C50ス(ZZ)	C50-6000037	/11 C50DX(KZ) 　 C50DX(MZ)	C50-6000047 C50-6000057	/11 C70(ZZ)	C70-7000001	/11 C70DX(KZ) /11 C70DX(MZ)	C70-7000001 C70-7000001				
1979												
1980											/3 C90DX(A) /3 C90DX(MA)	HA02-1000004 HA02-1000021
1981	/2 C50ス(B)	C50-8000049	/2 C50DX(DB) /2 C50DX(DMB)	C50-8000026 C50-8000036			/2 C70DX(DB)	C70-8000035	/10 CT110(B)	GB01-100970	/2 C90DX(DB) /2 C90DX(DMB)	HA02-1100017 HA02-1100027
1982	/4 C50ス(C-I) /4 C50PRO(C-IV)	C50-8500034 C50-8500601	/4 C50DX(DC-I) /4 C50SDX(DC-II) /4 C50SDX(DMC-II) /4 C50SDX(DMC-V) 　（赤カブ）	C50-8500039 C50-8500651 C50-8500671 C50-8517519			/6 C70SDX(DC-II)	C70-8300003			/4 C90DX(DC-I) /4 C90DX(DMC-I) /4 C90SDX(DC-II)	HA02-1300005 HA02-1300015 HA02-1300010
1983	/4 C50ス(D-I) /4 C50PRO(D-II) /10 C50ス(E-I) /10 C50PRO(E-IV)	C50-8909929 C50-8909925 C50-9000001 C50-9000010	/2 C50SC(DD-II) /2 C50SC(DMD-II) /4 C50DX(DD-I) /10 C50DX(DE-I) /10 C50SC(DE-II) /10 C50SC(DME-II) /10 C50SC(DME-IV)	C50-8900020 C50-8500020 C50-8909932 C50-9000012 C50-9000015 C50-9000015 C50-9000018								
1984												
1985												
1986	/7 C50ス(SG) /7 C50ピ(BG)	C50-9400001 C50-9400001	/7 C50DX(DG) /7 C50CM(CMG)	C50-9400001 C50-9400001			/7 C70DX(DG) /7 C70CM(CMG)	C70-8500001 C70-8500001			/7 C90DX(DG) /7 C90CM(CMG)	HA02-1500001 HA02-1500001
1987	/1 C50ス(SH)	C50-9600001	/1 C50DX(DH)	C50-9600001			/8 C70DX(DH1)	C70-8600008				

年	C50（標準系） /1 C50E(BH)（ビジネス）　C50-9600001	C50OM(CMH)　C50-9600001	/1 C50OM(CMH)　C50-9600001	/8 C70OM(CMH2)　C70-8600003	（C100／C90／CM）
1988	/2 C50PS(BNJ-I)（プレスカブスタンダード）　C50-9639602	/1 C50OM(CMJ-YU)（カブ30周年記念車）　C50-9650001 /2 C50PD(BNDJ-I)（プレスカブデラックス）　C50-9639607			/7 C100EX(CMJ)　HA05-0000037
1989	/10 C50PS(BNK-I)　C50-9817506	/10 C50PD(BNDK-I)　C50-9817506			/5 C100EX(CMK)　HA05-1000001
1990					
1991	/10 C50X(SN-I)　C50-0200001 /10 C50E(BN-I)　C50-0200001 /10 C50PS(BNN-I)　C50-0200001	/10 C50DX(DN)　C50-0200001 /10 C50OM(CMN)　C50-0200001 /10 C50PD(BNDN-I)　C50-0200001	/10 C70DX(DN)　C70-0200001 /10 C70OM(CMN)　C70-0200001		/10 C90DX(DN)　HA02-1700001 /10 C90CM(CMN)　HA02-1700001
1992		/4 C50X(DP-I)　C50-0400001 /4 C50OM(CMP-II)　C50-0400001 /4 C50PD(BNDP-I)　C50-0400001	/4 C70DX(DP-I)　C70-1200001 /4 C70OM(CMP-II)　C70-1200001		/4 C90DX(DP-I)　HA02-1900001 /4 C90CM(CMP-II)　HA02-1900001
1993	/4 C50X(SP-I)　C50-0400001 /4 C50E(BP-I)　C50-0400001 /4 C50PS(BNP-I)　C50-0400001	/4 C50DX(DP-I)　C50-0400001 /4 C50OM(CMP-II)　C50-0400001 /4 C50PD(BNDP-I)　C50-0400001			/1 CM100(CMP)　HA06-0000001
1994					
1995	/2 C50X(SS-I)　C50-0600001 /2 C50E(BS-I)　C50-0600001 /2 C50PS(BNS-I)　C50-0600001	/2 C50DX(DS-I)　C50-0600001 /2 C50OM(CMS-I)　C50-0600001 /2 C50PD(BNDS-I)　C50-0600001	/2 C70DX(DS-I)　C70-1300001 /2 C70OM(CMS-II)　C70-1300001		/2 C90DX(DS-I)　HA02-2000001 /2 C90CM(CMS-II)　HA02-2000001 /2 CM100(CMS)　HA06-1002901
1996	/12 C50X(SV)　C50-0800001 /12 C50E(BV)　C50-0800001 /12 C50PS(BNV)　C50-0800001	/12 C50DX(DV)　C50-0800001 /12 C50OM(CMV)　C50-0800001 /12 C50PD(BNDV)　C50-0800001	/12 C70DX(DV)　C70-1400001 /12 C70OM(CMV)　C70-1400001		/12 C90DX(DV)　HA02-2100001 /12 C90CM(CMV)　HA02-2100001
1997	/8 リトルカブC50(LV)　C50-4300001				
1998	/7 リトルカブC50(LW)　C50-4400001 /12 C50X(SX)　C50-2100001 /12 C50E(BX)　C50-2100001 /12 C50PS(BNX)　C50-2100001 /12 リトルカブC50(LMX)　C50-4500001 /12 リトルカブC50(LX)　C50-4500001	/12 C50DX(DX)　C50-2100001 /12 C50OM(CMX)　C50-2100001 /12 C50PD(BNDX)　C50-2100001	/12 C70DX(DX)　C70-1500001 /12 C70OM(CMX)　C70-1500001		/12 C90DX(DX)　HA02-2200001 /12 C90CM(CMX)　HA02-2200001
1999	/9 C50X(SY-I)　AA01-1000001 /9 C50PS(BNY-I)　AA01-1000001 /9 リトルカブC50(LY)　AA01-3000001 /8 リトルカブC50(LMY)　AA01-3000001	/9 C50DX(DY-I)　AA01-1000001 /9 C50OM(CMY-2)　AA01-1000001 /9 C50PD(BNDY-1)　AA01-1000001			
2000	/1 リトルカブC50(LY-YB)　AA01-3000001 /1 リトルカブC50(LMY-YB)　AA01-3000001 /7 リトルカブC50(L1)　AA01-3300001 /8 リトルカブC50(LM1)　AA01-3300001				/9 C90DX(D1)　HA02-2500001 /9 C90CM(CM1)　HA02-2500001
2001	/1 リトルカブC50(L1)　AA01-3300001 /1 リトルカブC50(LM1)　AA01-3300001 /3 C50X(S1)　AA01-1000001				

2002	/1 リトルカブC50(L2) AA01-3500001 /1 リトルカブC50(LM2) AA01-3500001 /2 C50ス(S2) AA01-1300001 /2 C50PS(BN2) AA01-1300001	/2 C50DX(DY2) AA01-1300001 /2 C50CM(CM2) AA01-1300001 /2 C50PD(BND2) AA01-1300001				/2 C90DX(D2) HA02-2600001 /2 C90CM(CM2) HA02-2600001
2003						
2004	/1 リトルカブC50(L4) AA01-3600001 /1 リトルカブC50(LM4) AA01-3600001					
2005						

参考資料：本田技研工業株式会社発行/カタログ/パーツリスト/サービスマニュアル/二輪車整備ハンドブック/各種資料。 本表作成：小関和夫　禁無断転載（2004年調査）

訂正：1965年のSTD系／9 C100　C100-M000001を削除しました。1981 CT110BのナンバーをJDからGB01-100970にしました。

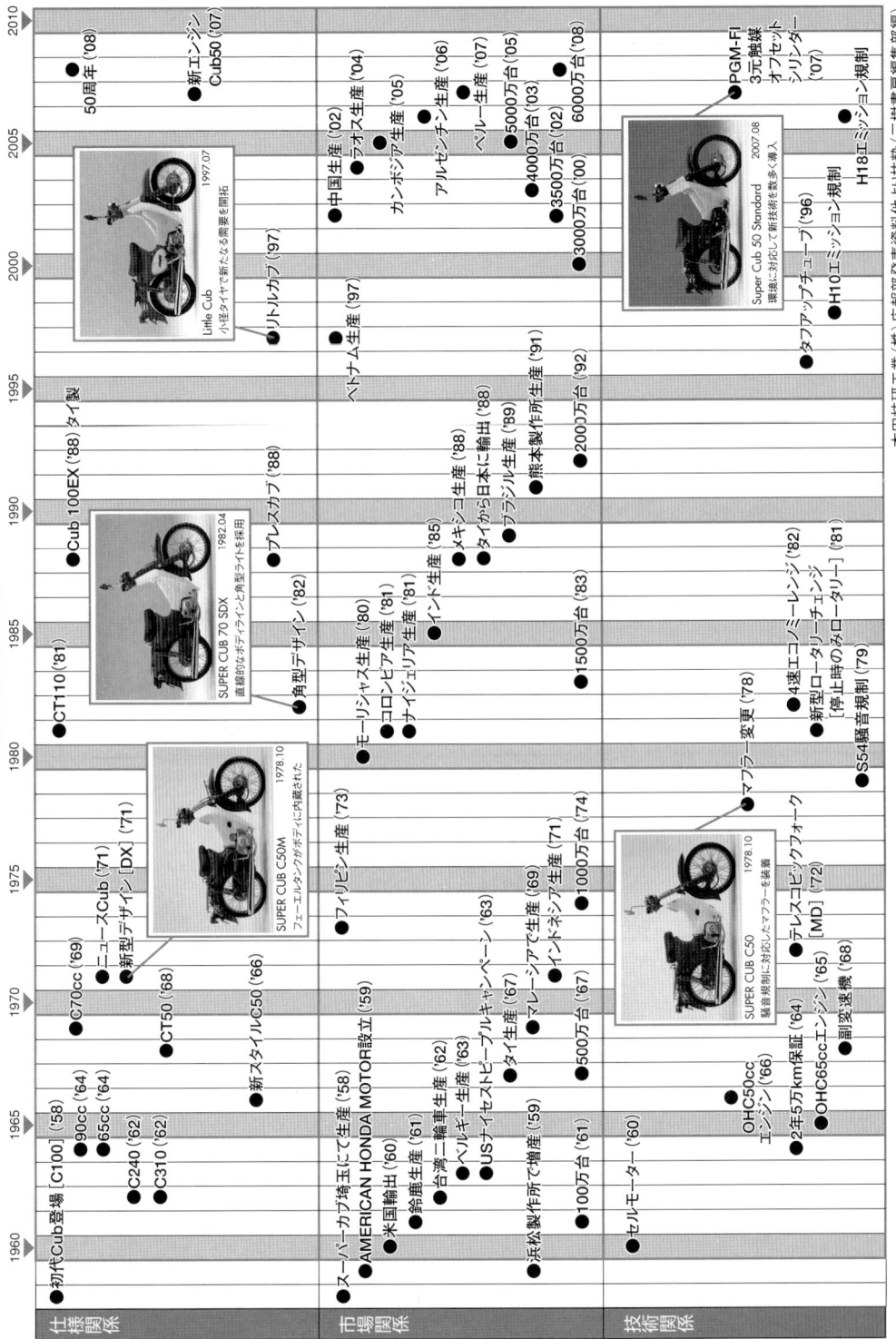

「カブ」シリーズ世界生産実績(2008年4月末現在)　　本田技研工業(株)広報部発表資料

	生産台数	生産累計台数		生産台数	生産累計台数
1958年	24,195	24,195	1984年	431,302	15,956,467
1959年	167,443	191,638	1985年	475,649	16,432,116
1960年	564,365	756,003	1986年	469,077	16,901,193
1961年	661,398	1,417,401	1987年 (1月~12月)		
1962年	790,012	2,207,413	1988年 (1月~3月) ※	573,352	17,474,545
1963年	889,005	3,096,418	1988年度	504,066	17,978,611
1964年	822,719	3,919,137	1989年度	595,611	18,574,222
1965年	790,396	4,709,533	1990年度	734,460	19,308,682
1966年	700,296	5,409,829	1991年度	730,887	20,039,569
1967年	526,238	5,936,067	1992年度	721,701	20,761,270
1968年	660,482	6,596,549	1993年度	1,106,160	21,867,430
1969年	601,441	7,197,990	1994年度	1,142,531	23,009,961
1970年	735,065	7,933,055	1995年度	1,379,099	24,389,060
1971年	625,884	8,558,939	1996年度	1,523,897	25,912,957
1972年	537,867	9,096,806	1997年度	1,550,872	27,463,829
1973年	469,732	9,566,538	1998年度	886,407	28,350,236
1974年	634,942	10,201,480	1999年度	1,230,443	29,580,679
1975年	493,855	10,695,335	2000年度	1,269,734	30,850,413
1976年	472,212	11,167,547	2001年度	2,272,227	33,122,640
1977年	558,634	11,726,181	2002年度	3,604,815	36,727,455
1978年	600,147	12,326,328	2003年度	3,636,067	40,363,522
1979年	520,447	12,846,775	2004年度	4,808,979	45,172,501
1980年	652,239	13,499,014	2005年度	5,370,285	50,542,786
1981年	680,523	14,179,537	2006年度	4,588,614	55,131,400
1982年	749,955	14,929,492	2007年度	4,725,048	59,856,448
1983年	595,673	15,525,165	2008年度 (4月のみ)	506,142	60,362,590

※1986年以前は暦年、1987年はHondaの決算期変更の為、月別計算。　　※1988年度(1988年4月-1989年3月)以降は年度にて計算。
※2010年12月には7200万台を越え、2011年12月には7600万台を突破した。

世界生産累計台数の推移（1958年〜2008年4月）

本田技研工業（株）広報部発表資料

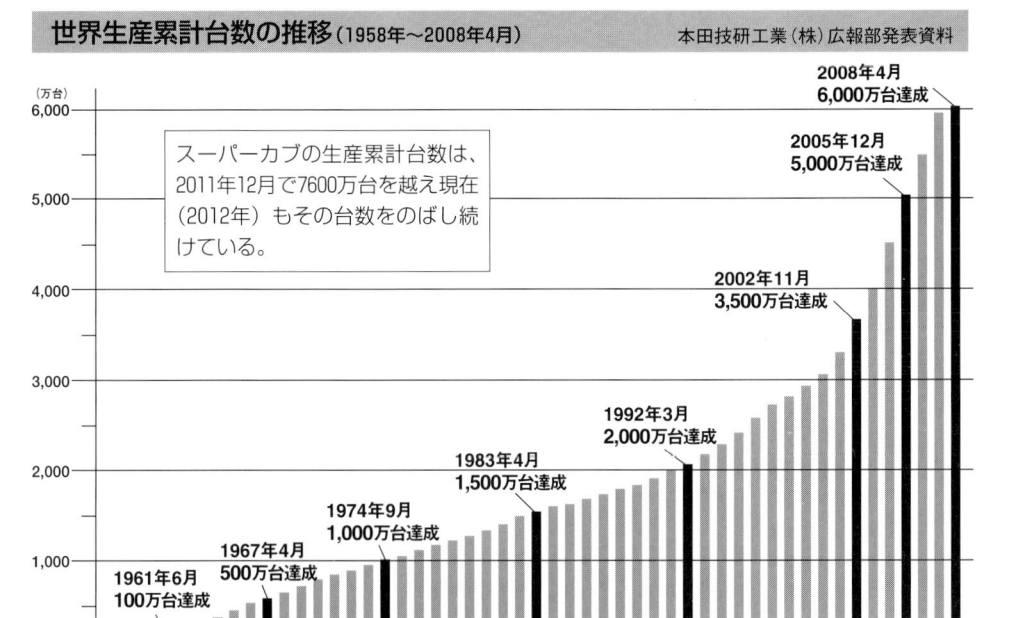

> スーパーカブの生産累計台数は、2011年12月で7600万台を越え現在（2012年）もその台数をのばし続けている。

（万台）

- 2008年4月 6,000万台達成
- 2005年12月 5,000万台達成
- 2002年11月 3,500万台達成
- 1992年3月 2,000万台達成
- 1983年4月 1,500万台達成
- 1974年9月 1,000万台達成
- 1967年4月 500万台達成
- 1961年6月 100万台達成

1958 1960　1970　1980　1990　2000　2008（年）

主要諸元

本田技研工業（株）広報部発表資料

主要諸元	スーパーカブC100（1958年）	スーパーカブ50 スタンダード（2008年）
名　　　　　称	スーパーカブC100	スーパーカブ50 スタンダード
車 名 ・ 型 式	―	ホンダ・JBH-AA01
全　　　　　長	1.780m	1.800m
全　　　　　幅	0.575m	0.660m
全　　　　　高	0.945m	1.010m
軸　　　　　距	1.180m	―
シ ー ト 高	―	0.735m
車 両 重 量	55kg	79kg
乗 車 定 員	1名	1名
燃 料 消 費 率	90km/ℓ（時速30km時）	110.0km/ℓ（30km/h 定地走行テスト値）
登 坂 能 力	1/4	―
エ ン ジ ン 型 式 ・ 種 類	空冷4サイクル単気筒OHV	AA02E・空冷4ストロークOHC単気筒
総 排 気 量	49cc	49cm³
最 高 出 力	4.5HP/9,500rpm	2.5kW[3.4PS]/7,000rpm
最 大 ト ル ク	0.34kg・m/8,000rpm	3.8N・m[0.39kg・m]/5,000rpm
燃 料 供 給 装 置 形 式	―	電子式〈電子制御燃料噴射装置（PGM-FI）〉
点 火 装 置 形 式	高圧電気点火	フルトランジスタ式バッテリー点火
燃 料 タ ン ク 容 量	3.0ℓ	3.4ℓ
変 速 機 形 式	前進三段常時噛合式	常時噛合式3段リターン（停車時のみロータリー式）
タ イ ヤ サ イ ズ （前 ／ 後）	2.25-17/2.25-17	2.25-17 33L／2.25-17 33L
ブ レ ー キ 形 式 （前）	右手動内拡式	機械式リーディング・トレーリング
（後）	右足動内拡式	機械式リーディング・トレーリング
懸 架 方 式 （前 ／ 後）	―	ボトムリンク式／スイングアーム式
フ レ ー ム 形 式	―	バックボーン式

●両モデルとも発売当時のカタログ表記による主要諸元。「―」については記載なし。

編集後記

　"わが社は、世界的視野に立ち、顧客の要請に応えて、性能の優れた廉価な製品を生産する"これは本田宗一郎社長時代に掲げられていた有名なHondaの「社是」である。本書の主題になっているスーパーカブは、本田宗一郎氏のこうした製品に対する強い信念と技術哲学、そして、それを支える優れた技術者陣によって生み出されたものであることは間違いないだろう。このスーパーカブの普遍性などに対する私の質問に、中村良夫先生は「スーパーカブは、例えば世界に普及した自転車の様なもので、一つの発明といえるでしょう、だからデザインは大きく変わらないし、変える必要はないのです」と明解に教えてくれたときのことを今でも忘れることはできない。第1期ホンダF-1の設計と監督をされ、また航空技術者でもある中村先生は、技術面に対して常に冷静な判断をされていた方であり、その回答があまりにも的確な答えだと思ったからである。

　スーパーカブ・シリーズは、誕生して60年も経過していながら基本設計を保持し、エンジン付乗り物では1億台を超える世界最多の生産累計記録を更新し続けている。やはり今その価値をあらためて認識しなければならないと思う。

※本書は1997年に初版を刊行し、その後2001年と2004年に増補版を刊行しました。そして2008年にはカラー口絵など中心に、大幅に改訂して充実を図り、そして2012年に新装いたしました。これらの6回に及ぶ編集・改訂増補作業については、本田技研工業株式会社広報部　高山正之氏のご理解とご協力なくして、実現できなかったといっても過言ではありません。最後になりますが、初版より本書作成にご協力くださった方々のお名前を列記して、深く感謝の意を表します。　　　　　　（順不同／敬称略）

資料・編集協力（敬称略）

本田技研工業株式会社　青山儀彦　桜谷国雄　尾崎光夫　香川信　永山清峰　高山正之　市川里美
株式会社ホンダアクセス／社団法人自動車工業振興会資料課／逓信総合博物館／CUB'S　CLUB 岸本啓一　元裕司
田崎雅也／中村英雄／HONDA N360 ENJOY　CLUB 居合晋哉／魚見昌央／近藤満俊／宮野滋／みちのく旧車
ミーティング小船浩幸／中里充男／金子美知夫／松尾孝雄／上村拓也／平田雅昭／松岡洋三／佐野勉

取材・製作協力（敬称略）

本田技研工業株式会社熊本製作所／原田義郎／木村譲三郎／宮智英之助／佐藤允弥／堀越昇／堀盟／小川文夫／萩原兼武／小俣直包／小林宏多／Brian Long（ブライアン・ロング）／今村日出夫

編集責任者　小林謙一

変わらないスタイル

1958年発売の初代スーパーカブと

50年を経た2008年型モデルを対比しても、

外観の異なる部分は、

ヘッドライトの位置が変わったことや

灯火系が大型化された程度であり、

独自のレッグシールド（フロントカバー）や

樹脂製のフロントフェンダーなど、

構造的な部分も含め、

車体レイアウトに変化は少ない。

数多くの工業製品の中で

スーパーカブが、

基本デザインをほとんど変えず、

半世紀以上も

継続生産されてきたことは、

日本のみならず、世界的にも

異例のことであろう。

1958年型
ホンダスーパーカブ
C100

2008年型
ホンダスーパーカブ50
デラックス

ホンダ スーパーカブ
世界戦略車の誕生と展開

編　者　　三樹書房 編

発行者　　小 林 謙 一

発行所　　三 樹 書 房

〒101-0051 東京都千代田区神田神保町1-30
電話 03（3295）5398　FAX 03（3291）4418
URL http://www.mikipress.com

印刷／製本　亜細亜印刷株式会社